荷花出版
EUGENE GROUP

$99

影響孕媽一生的
產前產後提案

荷花出版

影響孕媽一生的
產前產後提案

出版人：尤金

編務總監：林澄江

設計：梁艷芳

出版發行：荷花出版有限公司

電話：2811 4522

排版製作：荷花集團製作部

印刷：新世紀印刷實業有限公司

版次：2023年12月初版

定價：HK$99

國際書號：ISBN_978-988-8506-87-3

© 2023 EUGENE INTERNATIONAL LTD.

荷花出版
EUGENEGROUP

香港鰂魚涌華蘭路20號華蘭中心1902-04室
電話：2811 4522　圖文傳真：2565 0258
網址：www.eugenegroup.com.hk
電子郵件：admin@eugenegroup.com.hk

生B不痛新方式

　　一心想生 BB 的女性，一旦知道自己「中獎」，當然滿心歡喜，期待抱着 BB 做媽媽的日子快快來臨，不過當一想到分娩時的十級痛，心情頓時大跌，不但收起笑臉，臉上還不期然露出恐懼之情！

　　生仔本來是一件歡樂之事，但享受歡樂之前，需經歷一生之痛，這是女性的宿命！不少孕婦對生產有強烈的恐懼，皆因恐怕生 BB 的痛楚自己不能承受。其實，外國也有研究指出，當婦女對生產心存恐懼，壓力荷爾蒙亦會隨之增加，繼而分泌較多「兒茶酚胺」神經激素，減弱子宮收縮，延長產程。而產婦緊張時亦會導致子宮肌肉缺氧，產生疼痛感。所以，產婦既恐懼又緊張的情緒，反而令分娩過程又痛又延長！

　　要分娩不痛，當然在現代科技幫助下，可用剖腹分娩或用麻醉藥「無痛分娩」，但對嬰兒或媽媽自身復原都有影響。不過，為了生仔不痛，不少孕婦還是揀用這種「先甜後苦」的方式生產，將身體復原之事暫且放在一旁！

　　其實，現時本港已有醫院推出一種既不痛又毋須開刀或用止痛藥生 B 的分娩方式，就是讓孕婦透過靜觀、催眠練習來分娩。方式是先讓懷孕滿 29 周的孕婦學習透過靜觀、自我催眠和按摩等練習，了解生產過程的疼痛來源，加強自我肯定和緩解生理上的不適，因為靜觀可以拆解痛楚的情緒，令孕婦日後可以真正面對陣痛，而非因恐懼而痛苦。當孕婦能在充滿安全感和平靜的心情下生產，身體可自然分泌催產素、褪黑激素、安多酚等化學物質，令產程加快。有些孕婦用了這種靜觀方式分娩，結果連「笑氣」也不需用，只用了 4 小時便順利生下兒子。

　　生 BB 確是女性一件很偉大的事，而在整個懷孕的日子，以及產後的階段，女性都要面對大大小小的問題，因此，我們出版這本書，講及產前產後的種種問題，就是幫孕婦和產婦克服，希望這本書能伴你度過這十個月的懷孕之旅，以及陪你度過坐月的產後日子。

目 錄

Part 1 ────── 產前攻略

1粒集齊

DHA 200mg/softgel

活性葉酸

鈣

維生素D

支持孕期必備關鍵營養

NEW

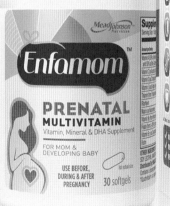

Enfamom™
孕婦維生素及DHA

Enfamom™

PRENATAL MULTIVITAMIN
Vitamin, Mineral & DHA Supplement

FOR MOM & DEVELOPING BABY

- expert recommended **Omega-3 DHA**
- **FOLATE** to support Fetal Development*
- **250 mg CALCIUM** to support Bone Health*

USE BEFORE, DURING & AFTER PREGNANCY   30 softgels

全港唯一

一粒同時蘊含Omega-3脂肪酸，
活性葉酸，鈣及多種孕婦關鍵維他命*

目錄

Part 2 產後攻略

HealthBaby 生寶臍帶血庫

香港**最尖端幹細胞科技**臍帶血庫
唯一使用 **BioArchive®** 全自動系統

FDA 認可

✓ 美國食品及藥物管理局(FDA)認可

✓ 全自動電腦操作

✓ 全港最多國際專業認證
(FACT, CAP, AABB)

✓ 全港最大及最嚴謹幹細胞實驗室

✓ 全港最多本地臍帶血移植經驗

✓ 病人移植後存活率較傳統儲存系統高出10%*

✓ 附屬上市集團 實力雄厚

...arch result of "National Cord Blood Program" in March 2007 from New York Blood Center

Part 1

產 前 攻 略

無論第一次懷孕抑或已有懷孕經驗的孕婦，都未必完全掌握孕期間出現的問題，因懷孕初期、中後、後期，都各有不同的情況。本章列出三十多篇文章，講解孕期間大大小小的問題，孕媽媽不容錯過。

如何改善
孕期胃酸倒流？

專家顧問：姚嘉樺 / 婦產科專科醫生

多數婦女在懷孕期間皆會有一些胃酸倒流的症狀，症狀會隨着懷孕周數而變得明顯。藉着改變生活習慣來改善懷孕期間胃酸倒流的情況，是對孕婦和胎兒安全的方法。

胃酸倒流與荷爾蒙有關

婦產科專科醫生姚嘉樺表示，懷孕初期身體會分泌大量黃體素和鬆弛激素，使身體各個器官的平滑肌鬆弛，當中也包括腸胃。食道和胃中間的括約肌壓力降低，加上子宮不斷增大，就增加了胃酸倒流的風險。

在正常情況下，人消化時，食物沿着食道經過下食管括約肌進入胃部，這一肌肉瓣是食道與胃之間的門口。當進食時，它會打開；進食後，它會關閉，防止食物和胃酸倒流。但在懷孕時，因為荷爾蒙改變的關係，該肌肉瓣會經常鬆弛，因而令胃酸容易倒流到食道。

除此以外，隨着胎兒成長，子宮亦會變大，並擠壓胃部，致使食物和胃酸遭推到食道。

患病率隨懷孕周數增加

40 至 85% 的女性在懷孕期間會有胃酸倒流症狀。大多數研究報告皆指出，由懷孕早期到後期，患病率不斷增加，但產後徵狀則會有所緩解。徵狀在懷孕期間，一日內任何時間也有可能出現，通常是在飯後。這點跟孕吐不同，孕吐常見於早晨。

懷孕期間胃酸倒流最常見的徵狀如下：

❶ 胸口灼熱（又稱胃灼熱）　❺ 吞嚥困難
❷ 喉嚨灼痛或口中有酸味　❻ 聲音沙啞或喉嚨痛
❸ 胃痛或胸痛　❼ 咳嗽
❹ 噁心或嘔吐

橙和番茄容易引起胃酸倒流。

過重和胃下垂也屬高危

如前文提及，懷孕本身已是胃酸倒流的高危因素，如果孕婦體重指標(BMI)高於25或有胃下垂情況，也較容易有胃酸倒流。

涉及約10,000名婦女的橫斷面調查顯示，BMI大於25的女士會有較多的胃酸倒流徵狀。姚醫生解釋，體重過重會影響食道和胃中間的括約肌功能，引起胃下垂和增加食道暴露於胃酸中。

至於胃下垂的孕婦較容易有胃酸倒流，姚醫生指出，其機制包括在食道和胃的交界位膈肌受損，以致括約肌壓力低落；加上因胃擴張引起短暫性括約肌鬆弛閾值降低。在胃下垂患者中，位於鱗柱交界部遠端的胃袋位於橫隔膜上，這也是導致胃酸倒流的原因。另外，胃下垂患者食道移動速度緩慢，加上反流，引致胃酸清除時間延長，最後食道內容物排空到胃的過程也減慢。

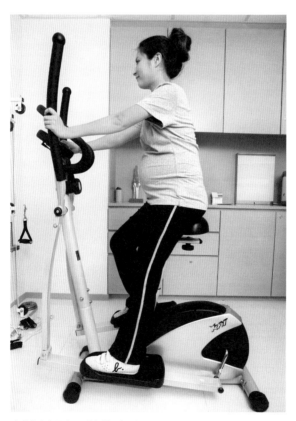

保持健康的體重，也能紓緩胃酸倒流。

改變生活習慣紓緩徵狀

　　若對胃酸倒流情況不加以治理，可以引起糜爛性食道炎和食道收窄。另外，也可引起哮喘、喉嚨發炎和收窄。為了幫助紓緩徵狀，孕婦可以採用以下5個方法：

　　❶ 飯後3小時內避免躺下，其次是睡前3小時內避免進食。理由是要預留時間讓胃消化食物，飯後3小時最好讓上半身保持直立，慢慢散步也可幫助消化。

　　❷ 孕婦要避免穿緊身衣服，以免壓迫胃部，引致胃容積縮小、腹壓增加，應盡量穿着寬鬆舒適的衣物。

孕婦讓上身斜躺，有助預防胃酸倒流。

　　❸ 要避免飲咖啡、可樂、茶，以及吃酸性食物如橘類水果和番茄類食品、高脂肪食物，因這些食物和飲料容易引起胃酸倒流。朱古力也要避免，因它可放鬆下食道和胃之間的肌肉瓣。

　　❹ 將床頭抬高15至20厘米，使躺着時食道高於胃部，可利用多1個枕頭墊高。

　　❺ 少食多餐也會有幫助，因為吃太多難消化。

孕婦能否用藥改善胃酸倒流？

　　姚嘉樺醫生表示，孕婦可以用藥物來紓緩胃酸倒流徵狀。但在使用任何治療胃酸倒流的藥物之前，請先諮詢醫生，醫生會告訴孕婦哪些藥物可以在懷孕期間安全使用。

　　醫生通常建議孕婦首先嘗試抗酸劑以減輕徵狀。大多數抗酸劑被認為是能在懷孕期間安全使用的，但有些不是。孕婦勿服用含有碳酸氫鈉和三矽酸鎂的抗酸劑。如果抗酸劑的作用不夠，醫生可能會建議孕婦嘗試使用表面劑、組胺阻滯劑或質子泵抑制劑，這些藥物比抗酸劑更能減輕徵狀。

孕期頭 3 個月

危機重重

專家顧問：麥浩樑 / 婦產科專科醫生

　　懷孕初期是孕媽媽最不安的時期，要開始面對一大堆孕期的煩惱，更甚的是，孕初期胎兒未穩定，可能有許多令孕媽媽意想不到的變數，到底孕初期有甚麼危機需要注意呢？就讓婦產科醫生為大家講解吧！

危機❶宮外孕

正常懷孕時，當精子與卵子結合成孕，胚胎應在子宮內膜着床。但有時受精卵可能會在子宮腔以外的位置着床，最常見的位置如輸卵管、卵巢、腹腔等，這樣的錯位着床即為宮外孕。超過九成的宮外孕發生在輸卵管，卵子受精後要經過輸卵管才能到達子宮着床，如果在過程中有阻塞或出現異常着床，會導致受精卵停留在輸卵管，而無法到達子宮生長。

宮外孕症狀

宮外孕初期通常沒有明顯先兆和症狀，通常孕媽媽會感受到如像作小產的症狀，例如嚴重腹痛、下體出血等才會發現，如果宮外孕導致內膜剝落、盆腔出血等可能造成貧血，會有頭暈眼花的問題或低血壓，如流血多刺激到腹膜後的橫膈膜，則可能會感到肩膀疼痛。

宮外孕可致命

子宮外孕的部位會侵蝕血管，可能造成血管破裂而引發出血。再者，太遲發現的宮外孕，胚胎有機會撐破輸卵管，在腹腔部位大量出血，出血不止會造成血液量不足而導致休克、昏迷，故宮外孕是初期懷孕造成死亡的原因之一。所以建議孕媽媽如果懷疑自己宮外孕或有不尋常腹痛、出血量等，就要及早就醫檢查，以免太遲發現危及生命。

宮外孕高危人士

- 流產或接受過多次人工流產
- 骨盆腔發炎
- 曾經有輸卵管發炎病史
- 曾有子宮外孕
- 曾接受輸卵管手術
- 人工受孕的孕婦

宮外孕流產會影響以後的生育機會嗎？

曾有子宮外孕的孕婦比起其他人更容易再次發生宮外孕。如接受過宮外孕手術，可能已切除一條輸卵管，這就會減少再次成功懷孕的機會。而且即使只剩下一條輸卵管，再次宮外孕的風險亦較一般人高，所以總括來說，曾患宮外孕會直接減低女性以後的生育機率。

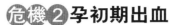孕初期出血

　　懷孕前 3 個月出血，未必一定會小產，但因初期胎兒染色體異常的情況並不罕見，首 3 個月出血原因如果是染色體異常，是沒有方法可預防的，胚胎本身異常，會被自然淘汰。除此之外，孕初期出血亦有可能是其他原因，有些則可治療，胎兒亦可以被挽救，故孕初期出血，孕媽媽不應掉以輕心！

孕初期出血 5 大原因

1 自然流產

　　就上文所述，有些胎兒大部份有先天基因缺陷，或嚴重的染色體異常，大部份的不正常胎兒會在 3 個月內停止發育，就自然地流產，在陰道伴隨着血液排出。

2 先兆流產（作小產）

　　先兆流產的胎兒是有存活的可能性，但因其胎盤、胎囊與子宮之間的黏附不夠穩定，就會造成脫落及出血，通常伴隨着輕微下腹痛和腰痠。

3 宮外孕

　　上文提過，宮外孕是孕初期最大的危機之一，它亦會造成出血。在確定懷孕之後，正常情況下兩周後便可在子宮內看到胚囊。如沒有看到胚囊，可能代表胚囊已着床於子宮以外的地方。宮外孕會有腹部絞痛、陰道出血，嚴重甚至可能因血壓過低導致休克等症狀。

4 葡萄胎

　　葡萄胎是不正常的懷孕。第一種原因是精子遇到「空包彈卵子」，精子與沒有染色體的卵子受精，有機會發展成惡性腫瘤。

另一種葡萄胎是兩條精子同時進入一個正常的卵子，受精卵多一套染色體形成異常，不正常受精卵沒有正常成長，而發育成過多的胎盤絨毛組織，外形像葡萄一樣，葡萄胎的發生機率約為千分之一。

5 子宮瘜肉

子宮內膜瘜肉是子宮腔上皮組織的黏膜細胞，異常增生所導致的良性腫瘤，附着於子宮腔內壁。若瘜肉過大，會造成女性經期不正常出血、月經不規則、經血量增加等情況，嚴重則可能導致流產或不孕。

孕初期是小產高峰期

懷孕首三個月的自然流產率大概是 15-20%，如果計上早期驗不到的案例，大概有 50% 的孕婦可能都曾有過早期小產的情況，小產的情況大部份都是發生在首 3 個月的時期，這些胎兒大部份都是胚胎先天基因缺陷，或嚴重的染色體異常，無法生存，這些情況胎兒會在 3 個月內停止發育，就會造成小產，主要的徵兆是陰道出血和下腹痛。

過了首 3 個月，如果胎兒能生存，就比較少有染色體異常的問題，就算有異常，胎兒通常都仍可繼續生存，例如患有唐氏綜合症的胎兒。唐氏綜合症是最常見的染色體異常疾病之一，可能影響孩子日後發育及智力，但胎兒不會因此死亡。

黃體酮安胎非萬能

不是所有的先兆流產者都適合用黃體酮來保胎，麥醫生指其實大部份情況下，孕婦都不需要使用藥物安胎，如果出血的問題與胎兒本身無關就更不需要，就算是作小產，也沒有研究證據顯示安胎藥能令胎兒的生存率增加，因為很多時早期小產都是胎兒本身異常無法生存導致的，這種胚胎即使使用安胎藥也不會有任何效果。

然而，如果是人工受孕，就有可能需要使用黃體酮安胎，因為人工受孕的程序可能使孕婦體內缺乏黃體酮，這時候就需要額外補充。另一種情況是慣性流產的孕婦，她們可能是卵巢黃體酮分泌不足，這就適合黃體酮安胎療程，不然就不需要。

黃體酮治療方法

黃體酮安胎治療主要作用是為孕婦補充不足的黃體酮。卵巢黃體酮分泌不足，會容易小產。療程期通常由早期懷孕開始至 10 周，而 10 周後胎盤能自行製造黃體酮就可停止。

黃體酮安胎治療分以下 3 種方式：

❶ 口服補充劑　　❷ 肌肉注射　　❸ 塞陰劑

副作用：
- 注射治療會產生頗強烈的疼痛
- 口服藥物治療會引致疲倦、精神不振等

孕初期如何安胎？

- 健康生活習慣
- 足夠休息
- 減少進食垃圾食物
- 進食足夠葉酸、DHA 等

傳統認為孕婦會有不適的妊娠反應，多休息會比較保險、安全，甚至認為多臥床休息能令胎兒在更安全的環境下生長。但麥麥浩樑醫生表示孕婦並不需要躺床，而且臥床沒有任何安胎作用，反而缺乏運動會令肌肉筋骨變得不靈活，亦可能增加患上痛症的風險，故適量活動，保持良好生活作息才是安胎之道。

牛欄牌榮獲

全港 No.1
性價比 配方 奶粉^

全港
No.1
益生元含量#

NUTRICIA

cow&gate
牛欄牌

Happy
Tummy

Contains
Prebiotics
sn-2 Palmitate (13g/100g)
Fibre (5.1g/100g)

No Added
Sucrose
& Flavor

With
A2 β-Casein
Protein*

4

Growing Up Formula for 3 years and above
兒童成長奶粉 3 歲及以上適用

100% 新西蘭奶源
·NEW ZEALAND·

健康腸道 開心寶寶

孕前期流血
未必流產

專家顧問：何嘉慧 / 婦產科專科醫生

　　孕媽都想腹中的胎兒能健康順利地成長，但在大肚前期，有時可能會遇到陰道出血的情況，讓孕媽心慌慌。到底是否如坊間所説，大肚前期出血等於流產呢？其實導致出血的原因多多，不過還是要謹記及時就醫。

前期出血與月經無關

　　婦產科專科醫生何嘉慧表示，懷孕前期的出血一定與月經無關。關於月經的形成，何醫生表示，正常未收經的女性，卵巢於每個月會排卵一次。女性身體有雌激素和黃體素兩種荷爾蒙，會隨着排卵周期時高時低。排卵時黃體素會增高，若沒有成孕，黃體素便會自然回落，體內的荷爾蒙產生轉變，子宮內膜脫落，從而來月經；若成功受孕，黃體素便會一直保持較高水平，子宮內膜不會脫落，此時身體便不會排血形成月經。

和孕期有關的 4 個出血原因

1. 着床流血

　　當卵子着床時，子宮內膜有機會脫落，從而出現少量流血的情況。若成功受孕，因為卵子着床而產生的流血，一般會發生在來月經第一日開始計算大約 3 至 4 周。這是懷孕前期常見的流血原因之一，通常不會伴隨疼痛，亦毋須太擔心。

2. 小產出血

　　若在懷孕前期發生小產，即胎兒停止生長，流血或腹痛便有機會是小產的先兆，不過並非所有小產的女性都會出現腹痛、流血或其他不適。例如胎兒在懷孕第 5 周停止生長，便有機會在 6 至 7 周開始流血，並可能伴隨子宮收縮而引發的腹痛，自行將停止生長的懷孕組織排出體外。有些人可以將懷孕組織完全排清；有些人即使因為小產而流血，但亦有機會尚未完全排出，醫生便需要持續跟進，透過手術或用藥清宮。

3. 宮外孕導致出血

　　若懷孕不是發生在子宮內，便屬於宮外孕，它有機會發生在輸卵管、卵巢、子宮頸、盆腔等位置。宮外孕產生的懷孕荷爾蒙水平不理想，所以子宮內膜仍然會增厚，但也有機會出現少量的流血。隨着受精卵在非子宮位置發育變大，壓迫生長的位置，女

性會開始產生持續性的腹部劇痛，若撐破生長位置，例如落在輸卵管位置，於懷孕 6 至 7 周便有機會破裂，便會造成內出血，並有機會出現昏迷、休克等情況，甚至出現生命危險。胎兒在非子宮位置無法正常生長，可能需要透過手術處理。

4. 黃體素不足

　　由於懷孕期間的黃體素會維持較高的水平，因此子宮內膜不會出現脫落而產生月經，如果懷孕期間的黃體素不足，便有機會出現不正常的流血。醫生會讓曾經多次小產、懷疑黃體素不足的孕婦服藥，減少黃體素不足導致流血或小產的機會。何醫生表示，小產未必是因為黃體素不足，但黃體素不足可能導致懷孕前期容易出血，令懷孕不穩定。

4 大常見婦科問題導致流血

1. 陰道感染或宮頸瘜肉、宮頸病變

　　若懷孕前期出現流血情況，醫生會為女性進行陰道及宮頸檢查。陰道感染或宮頸瘜肉是導致流血常見的婦科原因，即使是未懷孕的女性都有機會出現這種情況。除了瘜肉，其他的宮頸病變亦有機會導致出血，例如子宮頸癌。

2. 宮頸充血或外翻

　　若曾經生育過、或正在懷孕的女性，宮頸傾向於出現充血或外翻的情況，便有可能導致流血。若在性生活當中觸碰到外翻和充血的宮頸，便會增加出血的機會。不過何醫生表示這種情況毋須過於擔心。

3. 胎囊血管破裂導致流血

　　即使排除了前面所述的所有出血原因，胎兒正常生長，亦有機會出現流血情況。胎囊形成的過程中會有許多血管生長，有機

會於胎和子宮壁之間的部份血管出現破裂，從而導致流血。若照超聲波發現裏面有無法排出的血塊，即使胎兒的心跳、發育完全正常，仍可能影響胎囊的穩定性，需要醫生觀察及進一步跟進。這種情況有機會增加流產風險。

4. 出血如何做檢查？

若懷孕前期發現出血情況，孕婦應立即臥床休息，避免劇烈運動，並盡快求醫。醫生一般會安排盆腔超聲波，確定懷孕的位置，排除是宮外孕導致的出血。若懷孕發生在子宮內，便觀察胎囊和胎兒的大小發展是否符合周數、胎兒是否有心跳、子宮當中是否出現積血。若懷疑胎兒停止了生長，即小產導致的出血，醫生會視乎實際情況，安排 1 至 2 周後再照一次超聲波，比較確定胎兒是否有生長。若並非小產，醫生會考慮讓孕婦服用黃體素，減少流血的機會。有時超聲波未必能判斷宮外孕或小產的情況，必要時會透過抽血查看懷孕荷爾蒙指數。

此外，醫生亦會作陰道和宮頸檢查，確定是否宮頸瘜肉或陰道問題導致的出血。

無法用血色、流量判斷出血原因

何嘉慧醫生強調，不能透過血的顏色及流量分辨何種原因導致的出血。若血流量少，流出來後氧化便會變成啡色；若流出來的血多，未來得及氧化，便會呈現鮮紅色。例如正在小產的時候，排出的血量便有機會多些，並伴隨子宮收縮而導致的疼痛。

時肚屙時便秘
交替出現點算？

專家顧問：陳駱靈岫／婦產科專科醫生

很多孕婦都會遇上肚瀉或便秘問題，甚至兩者交替發生，到底為甚麼懷孕後特別容易出現這種情況呢？到底怎樣判斷才是正確？日常生活上又有甚麼需要注意呢？本文婦產科專科醫生為大家解答。

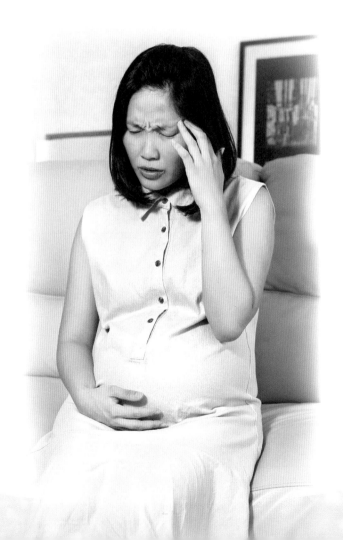

與生活習慣息息相關

婦產科專科醫生陳駱靈岫表示，懷孕期間的荷爾蒙轉變是導致便秘的主因，當中黃體酮上升會使導致平滑肌蠕動減少，以防止子宮內膜剝落，有利受精卵着床，但另一方面，腸道的平滑肌蠕動亦會減少，這便會在懷孕早期引致便秘，同時很多孕婦都會開始吃補充品，這些補充品中的成份如鐵、鈣等，也會增加便秘的機會，而葉酸則有可能增加肚瀉的風險。也有一些孕婦因乳糖不耐症出現肚瀉。除此之外，飲食習慣以及細菌或病毒感染，也可能是便秘及肚瀉的成因。

便秘及肚瀉大便顏色

其實便秘及肚瀉沒有一個特定標準，應留意和平日大便的頻率以及顏色的差異。如大便的次數比平時多或少，可算是一個症狀。而肚瀉的大便多數是水狀，並持續多於一天。不論是便秘或肚瀉，其大便也應是黃褐色，依飲食習慣的不一樣，可能會有些微差異。如大便出現以下顏色，便要密切觀察，並向醫生諮詢。

● **紅色**：即出血。鮮紅色是孕婦中較常見的，大多是便秘引致的痔瘡、肛裂導致，這種情況下在擦拭肛門時會有鮮血。而暗紅色則有可能是下消化道出血，應盡快就醫。

● **綠色**：很可能是腸道出問題。因膽汁為綠色，腸道中的食物的殘渣會先被膽汁染色，然後經細菌作用轉化成黃褐色。這在腸胃炎中較為常見，大多數情況下過幾天便會回復正常。

● **灰白色**：承上所說，大便的顏色來自膽汁，而沒有顏色的大便顯示膽汁並未能正常排到腸道。

● **黑色**：可能是消化道上端，如胃或十二指腸出血，黑色是因為血液在胃中氧化導致變黑。也有可能與前一天進食過多含黑色素的食物有關，例如墨魚麵、竹炭蛋糕等。

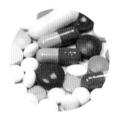

不論肚瀉或便秘，也不應自行服用成藥。

切忌自行服藥

陳醫生提醒，不論是肚瀉或是便秘，也不應自行購買成藥服用。如肚瀉是因細菌感染所致，醫生建議把細菌排清；如是其他疾病則更應盡快就醫，而不是強行「止屙」，後果只是治標不治本。同樣，便秘亦不應自行服用瀉藥，因為有時反而會使孕婦肚瀉得太厲害。若發生在中後期，腸道劇烈蠕動更會導致子宮收縮，使早產風險上升。

飲食 Do and Don't

陳醫生指，食療才是最佳的治療便秘方法，而肚瀉的話也可透過飲食控制加速身體的復原，以下是一些便秘及肚瀉的飲食守則：

便秘	肚瀉
✔ 高纖食品，如蔬菜、水果（香蕉、蘋果、奇異果等） ✔ 乳酪大多含有益生菌，能有助改善腸道健康和軟化糞便 ✔ 多喝水，每天8至10杯	✔ 低纖、低脂食品，例如粥、白飯、白麵包等 ✔ 喝電解質飲品 ✔ 留意自己對哪些食物特別敏感，或哪些補充品可能導致肚瀉
✘ 市面上媽咪奶大多有高含量的鈣，應減少份量或改喝普通牛奶 ✘ 鐵、鈣補充品應暫時停服，觀察情況有否改善 ✘ 茶或咖啡等利尿飲品，使更多水分排出體外，大便變乾，難以排出	✘ 大多嗜辣的孕婦都較容易有肚瀉情況，不應進食太多酸辣等重口味食品 ✘ 高脂肪、煎炸食品，以免增加腸道負擔 ✘ 凍飲，以免刺激腸道

肚瀉會導致小產嗎？

很多人以為肚瀉會導致小產，但其實兩者並沒有直接的關係。增加小產風險並不是因為肚瀉，而是肚瀉背後的原因，例如細菌感染、甲狀腺問題等。當中甲狀腺問題以甲狀腺功能亢進症，亦即甲亢較為常見。甲亢是因甲狀腺素分泌過多所致，這會使人體代謝過快，而肚瀉就是其中一種症狀。患有甲亢的孕婦會有較高的小產風險，所以伴隨食慾暴增、體重暴減、心跳加速等症狀，必須多加留意。

便秘肚瀉應急對策

　　如真的遇上肚瀉或便秘，孕婦又應怎麼辦呢？有甚麼即時的應對方法？當肚瀉得太嚴重時，便會出現缺水的情況，而十分缺水時，反而有可能導致便秘。這時應補充多點水份及電解質。如屬懷孕前期的孕婦，經常嘔吐，難以進食的話，應讓醫生處方藥物，先止嘔後喝水及進食以補充營養。便秘或肚瀉均有可能導致肛門疼痛，這時可用溫水沖洗，或塗抹凡士林以作滋潤。

　　至於便秘，陳醫生提醒孕婦們若真的未能排便，不應繼續坐在馬桶上，因為這會增加患上痔瘡的風險。除非患病，否則最好多走動或做運動，切忌長期臥床；喝蜂蜜或奇亞籽水也能有助通便。

食療是最佳治療便秘的方法。

孕期骨痛
可以點緩解？

專家顧問：黃梓祥 / 骨科專科醫生

　　相信很多孕媽，在懷孕期間都深受周身骨痛的困擾，有時發作起來，連入睡都十分困難。關於孕期周身骨痛是如何形成的，又有甚麼方法可以緩解和改善呢？本文由骨科專科醫生為大家講解。

腰部、下肢、手腕疼痛

骨科專科醫生黃梓祥表示，孕婦常見的痛症大部份會出現在腰骨，其次是下肢，還有手腕。腰骨主要指腰椎以及腰椎兩側，即尾龍骨以及盆骨位置，做彎腰動作時疼痛會加劇。下肢疼痛主要集中在膝蓋、腳腕、大腿的部位，隨着孕期體重增加出現並加劇。而手腕疼痛主要是由腕管綜合症引起——孕婦常出現水腫情況，而水積在手腕關節位置，影響了手腕神經，手腕、手掌和手指的位置甚至會出現麻痺。手腕屬於神經痛，和腰骨、下肢的疼痛不同，但一般需要透過檢查才能將兩者區分。

關節痛症 4 個成因

黃醫生稱，孕婦出現關節痛症主要由以下四個原因引起：

1. 女性荷爾蒙的轉變： 孕婦在懷孕初期，即 8 至 10 周左右，體內荷爾蒙分泌會產生巨大的轉變，容易導致骨關節周圍的韌帶出現鬆動的情況。這是一種正常的生理現象，例如盆骨位置的筋腱鬆弛，有助於日後產生更順暢。然而筋腱鬆弛後，關節會增加出現不正常摩擦的機會，這時便產生痛症。

2. 體重變化： 到了懷孕中後期，隨着胎兒越來越大，胎水越來越多，孕婦的體重亦大大增加，腰部和下肢的負荷加重，容易產生痛症。

3. 重心前傾： 正常情況下，人的重心會落在中間，但隨着孕婦的肚子越來越大，其重心會向前傾，導致腰椎和骨盆也出現前傾，前後受力不均，便出現腰背疼痛的情況。

4. 腹部肌肉鬆弛： 隨着胎兒的增大，孕婦腹部的肌肉會被撐開，並變得越來越鬆，從而影響了腰部的平衡力位置，發力位置轉至後腰，增加其負荷。

運動幫助減少痛症

引起懷孕身體痛症的四個成因當中，重心前傾和荷爾蒙變化是不可避免的，但產前可以透過控制體重和肌肉減輕痛症。保持運動習慣的女性，其關節和筋腱肌肉較結實，懷孕出現的痛症情況亦會相對較少。

黃醫生建議女性在懷孕前，可以進行跑步、踩單車、游泳等帶氧運動，消耗身體多餘的脂肪，鍛煉肌肉。若等懷孕後才開始運動，效果會大打折扣，而且更加吃力。

一般沒有運動習慣、身材瘦弱的女性，由於平日關節的受力不重，當懷孕時體重忽然增加，負荷加大，痛症便隨之增加；而肥胖女性由於平日身體的受力較重，待懷孕時受力再加重，更容易增加痛症。

需要注意，黃醫生不建議孕婦進行劇烈運動，孕期可以進行緩步跑、散步、游泳、輕微瑜伽、拉筋伸展運動。

懷孕初期運動，是否會陀唔穩？

有的媽媽會擔心，懷孕初期尚未穩定，若進行運動是否會影響胎兒，甚至出現小產，黃醫生引述婦產科專家的意見，認為懷孕初期運動與小產並無太大關係。懷孕初期的身體狀態和孕前並無太大區別，若孕婦孕前有運動的習慣，初期亦毋須太多避忌。黃醫生提醒，懷孕初期若發現下身流血的情況，便需要盡早求醫。

改善不良姿勢

黃醫生表示，改善姿勢以及添加輔助性工具是改善孕期痛症的其中一個方法，並給出了以下具體建議：

孕婦不宜穿高跟鞋，宜選用平底鞋。

✔ 睡覺時大部份孕婦都不能睡平，到了懷孕晚期只能側睡。黃醫生建議孕婦擺一個枕頭在兩腳之間並夾住，可以幫助下肢和腰部的受力更好。

✔ 行路時，孕婦不宜穿高跟鞋，應選用平底鞋，幫助支撐下肢。

✔ 坐下時保持腰部挺直，可以在腰部墊一個枕頭。謹記不要蹺腳，這會導致兩邊身體不平衡，容易引發痛症。

✔ 隨着肚子越來越大，可採用輔助性工具減輕疼痛，例如利用孕婦專用束腰帶，托住腹部，可減少腰部的負荷。該工具到懷孕後期，即最後 2 個月可使用。

✔ 可以採用熱敷幫助減輕肌肉關節的痛症，例如暖水袋、電熱毯。

✔ 若身體痛症嚴重，醫生會考慮使用止痛藥。由於孕期用藥有機會影響胎兒，孕婦謹記諮詢醫生意見，切勿自行服藥。

改善痛症小運動

黃醫生建議孕婦到健康院或婦產科，專業人士可提供適當的運動指導。他亦為各位孕媽介紹了幾個孕期簡單小運動，可在家中完成，有助於紓緩周身骨痛的情況。

❶ 孕婦仰臥在床上，下肢膝蓋彎曲，腳掌貼着床板，兩腳之間夾一個枕頭，或者較軟的健身球，然後將腳合攏練習發力。

❷ 孕婦仰臥在床上，下肢膝蓋彎曲，腳掌貼着床板，腰部進行拱起、放下、拱起、放下的練習。

31

緩解骨痛運動

以下兩個幫助紓緩身體疼痛的運動，孕婦宜先尋求婦產科醫生的意見，再進行練習。

三角式伸展：

強化脊椎及紓緩肩頸和背部痠痛（注意：該運動不適宜妊娠高血壓孕婦）

1 將腿邁開至大約 3 個髖關節的寬度。

2 將手輕輕打開伸直。

3 緩慢地將左手放下，胸腔和腋窩保持開展，吸氣和呼氣並保持該動作 20 至 30 秒。

4 慢慢回到正中間，兩手輕輕放下。

坐姿扭轉式：

強化腰椎力量，紓緩背部、肩頸疼痛以及坐骨神經痛
（注意：該運動不適宜妊娠高血壓孕婦）

1　脊椎和頭頂保持在一個平面上，頸椎和脊椎保持直立，盡量向上延伸。

2　呼氣時，右手移動至左膝，左手移動至後面的瑜伽磚上，脊椎挺直，身體放鬆，保持 30 至 40 秒。

懷孕鼻塞塞
患妊娠性鼻炎？

專家顧問：梁巧儀 / 婦產科專科醫生

空氣污染日益嚴重，空氣中的過敏原增加，患上鼻敏感的人也日漸增加，有孕媽媽在懷孕後經常流鼻水、鼻塞，雖然一般不會造成嚴重影響，但還是會為日常生活帶來困擾，大家也來了解一下妊娠性鼻炎吧！

婦產科專科醫生梁巧儀表示，因為人口密集和環境污染物增加，很多香港人都患有鼻敏感，通常在遇到過敏原時，都只會導致鼻子癢、流鼻水等，但亦有不少孕媽媽在懷孕後發現類似的徵狀嚴重了，其實這可能是患上了妊娠性鼻炎，幸好這並不是嚴重的病，只要注意生活習慣就可以輕鬆改善。

妊娠性鼻炎

妊娠性鼻炎的定義為於懷孕期出現鼻塞症狀，並持續六星期或以上；而同時孕婦沒有其他上呼吸道感染症狀，或已知的過敏原因，分娩後鼻塞症狀一般於 2 周內自然消失。妊娠性鼻炎發生在大約 20％的孕婦上，可以出現在任何妊娠周數，尤多見於首 3 個月和最後 3 個月。

妊娠性鼻炎的症狀最主要是鼻塞，其次是打噴嚏、鼻子痕癢及流鼻水等。鼻塞的症狀會影響呼吸，令孕媽媽難以入睡，降低她們的睡眠質素，引起疲倦、皮膚和精神變差。長期的炎症亦有機會增加咽喉發炎、中耳炎等症狀。妊娠性鼻炎幾乎不會直接為胎兒帶來影響，所以孕媽媽出現症狀時不需要太擔心。

鼻炎引起的鼻塞雖然會令孕媽媽有呼吸困難的感覺，但並不會引致窒息，因為身體一般會自我調整，當孕媽媽有呼吸困難的情況，身體會自動調節用嘴巴呼吸，或加深和加快呼吸，所以一般不會導致窒息。

鼻炎原因

妊娠性鼻炎的發病原因尚未完全清楚，主要因為受孕期的激素影響。孕期雌激素水平升高，令鼻腔黏膜水腫、腺體分泌增多；再加上懷孕期的血容量較多，血管的擴張都令鼻黏膜變得更腫脹，而吸煙、對室內塵蟎的敏感亦可能是風險因素之一。

鼻敏感與妊娠性鼻炎

鼻敏感，又稱過敏性鼻炎，與妊娠性鼻炎的症狀相似，會出現打噴嚏、鼻子痕癢及流鼻水等反應，但症狀一般發作於接觸過敏原後，常見過敏原有灰塵、動物皮屑、花粉、毛髮等。然而，如果在懷孕之前已經常發生鼻炎，懷孕期間將可能出現更嚴重的症狀。

預防鼻炎

鼻炎雖然是生理性引起的，但也有可能預防其變得嚴重的方法。要預防鼻炎問題，與鼻敏感類似，孕媽媽要盡量避免任何潛在的刺激物，如煙草、塵垢、異味污染以及突然的溫度變化等，減低環境因素對鼻腔的刺激，從而減低鼻炎發作的症狀。

此外孕媽媽也要時常注意家居衛生，做好家居和個人清潔，保持室內空氣流通，有助減低家居的細菌滋生。謹記避免使用含強烈氣味的化學品及個人護理用品，此類產品通常含有刺激性的化學物質。最後，孕媽媽應注意多喝水和進行適當的運動，保持良好生活習慣，增強免疫力，促進血液循環，能改善鼻腔因血管收縮引起的鼻炎問題。

治療鼻炎

孕婦可以利用針筒或洗鼻器，用生理鹽水沖洗鼻腔，這可沖走鼻腔中的過敏原和刺激物，同時減少水腫症狀、保持鼻腔通氣。晚上睡覺時，孕媽媽可以墊高枕頭或床頭 30-45 度，減少鼻腔充血情形，有助於緩解鼻塞，改善呼吸。

如果鼻炎症狀嚴重，有機會需要使用藥物治療，如血管收縮劑、抗生素、抗組織胺、鼻內類固醇等藥物。並非所有鼻炎藥物都適合孕婦使用，孕媽媽必須在醫生指導和建議下正確使用藥物。

醫生問答室

Q 孕期經常鼻塞是否正常？

A 孕期鼻塞可以因為妊娠性鼻炎、過敏或感冒等。如果是妊娠性鼻炎，鼻塞症狀時間一般較長，但於產後會自然痊癒。過敏性鼻塞一般會於致敏原消失後有所改善，而由上呼吸道感染所引起的鼻塞，一般會伴隨咳嗽、發燒、喉嚨痛等症狀，不適時間約三至五天。

Q 孕期經常感到鼻子乾燥，有時會流鼻血，是患上鼻炎嗎？

A 流鼻血在懷孕期間算是很常見，主要是因為鼻腔內的血管因懷孕荷爾蒙影響擴張，血管壓力增加；當鼻黏膜受到刺激，如天氣乾燥、用力擤鼻涕、感冒時，就會造成流鼻血的現象。當發生流鼻血時，孕媽媽應該坐起來，頭微微向前傾，捏着兩側鼻翼大約 5-10 分鐘，一般情況下會自然止血。如感到鼻子時常乾燥，可用生理鹽水洗鼻，保持鼻腔濕潤，或考慮睡覺時在床邊放一杯水或加濕器，保持空氣濕潤。

Q 鼻塞吃普通傷風感冒藥是有效的嗎？

A 普通傷風感冒藥一般含有抗組織胺成份，有減低鼻塞、紓緩流鼻水的效用。但不建議孕婦自行購買使用，因為並非所有成藥對懷孕都安全，孕婦應聽從醫生建議下服用藥物。

子宮肌瘤

影響懷孕？

專家顧問：林兆強 / 婦產科專科醫生

子宮肌瘤俗稱「纖維瘤」，是一種在子宮生長的良性腫瘤，它是常見的婦女疾病，不少女性擔心患有子宮肌瘤會影響懷孕的機會，甚至傷害胎兒，導致流產，以下由婦產科專科醫生解釋子宮肌瘤對女士的影響以及處理方法。

何謂「子宮肌瘤」

　　婦產科專科醫生林兆強指，子宮肌瘤（又稱纖維瘤）是由於女士的子宮平滑肌異常增生所致，為婦女常見的良性腫瘤。每 10 個女士之中，便有一個患上子宮肌瘤；而 35 至 55 歲中，便有兩至四成的婦女受子宮肌瘤的困擾；40 至 50 歲婦女則是子宮肌瘤的高發病年齡層，而子宮肌瘤變成惡性肌瘤的機會僅有 0.4 至 0.8%。

　　至於子宮肌瘤發病原因，林兆強認為受大量持續刺激素引致，如患者長期服用避孕丸、白鳳丸、當歸，或處於懷孕時期，肌瘤便會增大。而當婦女過了更年期後，女性荷爾蒙便會下降，肌瘤隨之會萎縮變小。

子宮肌瘤症狀

　　林兆強指出，事實上 50 至 70% 的肌瘤患者不會出現任何症狀，肌瘤大小並非最大問題，重點是肌瘤生長位置，假如肌瘤長於子宮外層的話，一般影響不大，但生長於子宮中層及子宮腔內的肌瘤，其病徵及影響較嚴重。

　　子宮肌瘤的病徵包括經痛、經血量過多、貧血，盆腔，以及腹部有硬塊、下墜感覺及疼痛，另外亦會有腰背痛、便秘、尿頻式殘尿感等感覺。

子宮肌瘤處理方法

　　症狀輕微的婦女，可服用止血制劑或止痛藥紓緩不適，但若果症狀嚴重如有嚴重貧血，或症狀持續至影響日常生活，就需要積極處理肌瘤。

　　處理肌瘤病人應根據自己的肌瘤大小、數量、年齡，是否曾生育等因素，考慮最適合自己的治療方案，現時較普遍使用的肌瘤治療手術有子宮肌瘤切除術（傳統腹腔手術或腹腔鏡肌瘤切除術），其優點是可保留子宮及生育能力，但這並非完全根治方法，有三分之一的個案會在 10 年內會復發，可能需再進行手術，而腹腔鏡肌瘤切除術復原進度較傳統腹腔手術快。

此外，近年才出現使用的方法有聚焦超聲波治療，其方法是從體外將子宮肌瘤升溫，使其壞死。另外亦有子宮肌瘤血管栓塞術，方法是以儀器栓塞肌瘤的血管，從而令肌瘤壞死及萎縮。

不應切除子宮

林兆強建議，現時醫學界認為子宮不應輕易切除，應盡量保留，但如果子宮肌瘤為患者帶來太大影響、患者年齡已長，或不考慮生育者則可考慮將整個子宮切除。

謬誤：割除子宮是會導致身體無法分泌女性荷爾蒙？

解答：有謬誤認為，子宮肌瘤患者割除子宮後，會失去女性荷爾蒙。不過割除子宮，其實只割走子宮及子宮頸，並不會影響卵巢。

亦有患者及丈夫憂慮手術後影響性生活，其實也是不對的。割除子宮後缺口會補回，陰道跟從前是沒有分別，並不影響性生活。割除子宮後最大的變化是沒有月經及永久失去生育能力，更年期可能提早一至兩年出現。

子宮肌瘤與懷孕

子宮肌瘤如果不是太大，通常是沒有症狀的，所以很多婦女在產前檢查時才被確診。如果婦女在產前檢查才被診斷出有子宮肌瘤，那在懷孕期間便可能會出現以下情況。

checklist

❶ 如胎盤的位置接近或覆蓋在子宮肌瘤上，則較易引起流產、早產、胎盤剝落或產後大出血。

❷ 較大或多發性子宮肌瘤則易引起胎位不正及早產。

❸ 有莖的肌瘤可能會扭轉，並引起腹痛。

❹ 肌瘤高速生長的情況下，血液供應會不足造成出血性栓塞壞死，症狀包括腹部劇痛、發燒等。

❺ 子宮肌瘤如生長在子宮頸位置或子宮下段，可能導致難產，需作剖腹生產。

探知閣

Q **子宮肌瘤會受懷孕影響嗎？**

A 子宮肌瘤不一定會受懷孕影響，一般而言會稍為變大，生產後則會變回產前的大小，所以有子宮肌瘤的孕婦於懷孕及 產後需作密切監察。

Q **子宮肌瘤會影響受孕嗎？**

A 並非所有子宮肌瘤都會影響受孕，要視乎肌瘤生長的位置，如長在子宮表面的漿膜層，並不會影響受孕，如長在肌肉層或子宮內黏膜下的就會影響受孕機會。

Q **如子宮肌瘤導致不孕怎麼辦？**

A 一般來說，子宮肌瘤若造成不孕，可以透過摘除或切除肌瘤手術，以增加懷孕的機會，但子宮肌瘤切除後建議要待一段時間約半年至一年，待子宮壁完全癒合才懷孕，以策萬全。

孕期感冒

應盡早求醫

專家顧問：何嘉慧婦產科專科醫生

人們常說，孕期感冒不能吃藥，可大可小，因此孕媽對感冒總是提心吊膽。雖然孕期感冒有機會引發嚴重的問題，但並非是無法處理的事情，孕媽宜放鬆心情，做好充足的預防和個人衛生即可。萬一染上感冒，只需遵循醫囑，大部份人都能平穩度過。本文由婦產科專科醫生為大家揭開孕期感冒的迷思。

常見的感冒有兩種

婦產科專科醫生何嘉慧表示，傷風感冒和流行性感冒是常見的感冒，兩者均有上呼吸道感染的徵狀，例如喉嚨痛、流鼻水、咳嗽，但流行性感冒的症狀通常比較嚴重。傷風感冒由傷風病毒引起，該病毒種類繁多，但主要徵狀為上呼吸道感染，較少出現發燒和併發症。流行性感冒即是季節性流感，由流感病毒引起，徵狀除了上呼吸道感染，還會伴隨全身徵狀，包括發燒、頭痛、肌肉疼痛、感覺疲勞、食欲不振，而且可能引起嚴重併發症，例如肺炎，甚至可以致命。

孕婦患感冒更嚴重

因為孕期的免疫力下降，加上肺部和心臟的生理變化，若孕婦感染了流感病毒，病徵會更嚴重，維持時間更長，出現併發症的機會亦更高。一般患上流行性感冒需要大約4至7日的時間康復，而孕婦則需要更長的時間。若發燒或出現併發症，容易影響胎兒的生長，甚至增加早產和流產的機會。

可服醫生處方感冒藥

孕期感冒是否能用藥？孕婦求醫時一定要告知醫生懷孕的事情，醫生知道後便會避免處方影響胎兒發育的藥物。除了處理病徵，醫生還需要診斷是否出現其他併發症，例如鼻竇炎、肺炎，若有必要便會安排入院處理。目前已經有安全的抗感冒病毒藥物，可用於應付孕期流行性感冒，在出現病徵48小時內服藥，可以幫助縮短孕婦生病的時間，並減少出現嚴重併發症的機會，因此孕婦毋須擔心孕期感冒不能服藥。

流感比傷風感冒麻煩

孕婦感冒亦有輕微和嚴重之分，一般傷風病毒引起的感冒會出現輕微的上呼吸道感染，若無大礙，可以不必用藥，而嚴重的傷風感冒則可以服藥減緩，例如使用一些安全的藥物控制鼻塞、流鼻水的情況。若孕婦沒有出現發燒，也不影響生活，便屬於輕

微情況。如果發燒高於攝氏 38 度，出現肌肉痛、疲勞等全身不適的症狀，便需要及時求醫，這種情況可能是由流感病毒引起，需要及時處理。一般健康的人，即使不服藥亦能自行痊癒；但對於高危人士而言（孕婦亦屬於高危），需要服用藥物以幫助盡早康復，以及預防嚴重併發症。

孕期能否注射疫苗？

　　注射流感疫苗是最有效的預防措施，而何醫生表示，懷孕前或懷孕期間均可注射。流感高峰期為每年 1 至 4 月、7 至 8 月，而每年流行的病毒都會略有不同，因此每年年尾都會有新的流感疫苗，用以預防來年可能會流行的感冒病毒。

　　流感疫苗分為滅活疫苗和減活疫苗，何醫生建議孕婦注射滅活疫苗。減活疫苗即噴鼻式疫苗，不想打針注射的人可以選擇使用，但由於當中含有弱化的活流感病毒，因此孕期不能使用。滅活疫苗則不含活流感病毒，而且多個研究顯示對媽媽和胎兒安全，可有效預防流感，減少感染機會。若感染了流感病毒，注射了滅活疫苗的孕婦出現嚴重併發症的機會亦會減少。

　　而孕期注射流感疫苗的孕婦，其抗體可傳遞給寶寶，幫助初生寶寶預防流感。

注意個人衛生

　　除了注射流感疫苗預防流行性感冒，孕媽還需要注重個人衛生，戴口罩，勤洗手，避免去人多的地方。同時要多做運動，強健身體，提升免疫系統，並注意均衡飲食和充足休息。若出現流感徵狀，孕婦需要及時求醫，遵循醫囑服藥，還要攝入充足的維他命和水份。充足的睡眠亦可以幫助孕婦早日痊癒。

求助哪科醫生？

　　有的孕婦可能會疑惑，孕期感冒應該向哪個專科的醫生求助。何嘉慧醫生表示，孕婦應該向最容易聯絡到的醫生求助，例如門診醫生、家庭醫學醫生，一般均可以處理孕期感冒以及發生併發症的情況，毋須一定求助於婦產科專科醫生。

Aptamil 白金版
剖腹產寶寶專屬

這一劃
劃分不同

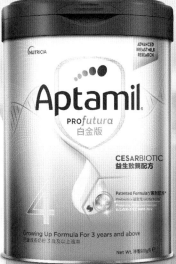

大肚生蛇

又痕又痛

專家顧問：胡惠福 / 皮膚科專科醫生

對於試過「生蛇」的人，那種痛不欲生的經驗，相信是畢身難忘。若果懷孕期間被「生蛇」纏身，孕媽媽不僅要忍受身上的疼痛，更要擔心胎兒的健康，身心煎熬。到底「生蛇」對孕婦及胎兒的影響程度有多大？本文皮膚科醫生解答疑問。

何謂「生蛇」

　　皮膚科專科醫生胡惠福指，「生蛇」的正確名稱是帶狀疱疹，是由引起水痘的「水痘帶狀疱疹病毒」引致。病毒會於水痘患者痊癒後潛藏在體內的神經系統。當身體免疫力下降，潛伏的病毒便會再度活躍。隨着年紀增長，如年過 50 歲的人，或是患有自身免疫系統疾病，如長期服用免疫抑制劑、患有癌症、糖尿病、遇上生活壓力等危機因素，都有機會誘發帶狀疱疹出現。

生蛇成因

- 身體免疫力下降
- 患自身免疫系統疾病人士
- 年齡增長人士
- 生活大壓力人士

> 孕婦在懷孕期間免疫力較低，因此容易令病毒再次活躍起來，會有機會「生蛇」。

生蛇症狀

　　發病時病毒會沿着脊髓神經到達連接的皮膚表面，常見的發病位置是背部及腰部的一側，身上一節或數節感覺神經分佈的皮膚區域會有疼痛、火燒或麻木感，數天後表皮會長出紅斑及水泡，再蔓延成帶狀。水泡其後或會出現膿泡或血水，有時甚至出現繼發性細菌感染，然後會潰破或萎縮，乾水後結痂，為期 2 至 3 星期，皮膚於癒合後常有結疤及色素沉澱現象。

　　部份患者在皮疹痊癒後皮膚仍會感到痛楚，可持續數月至數年，這現象稱為「疱疹後神經痛」。若生蛇影響眼睛，甚至有機會影響視力，需盡早求醫。

孕期生蛇

　　孕媽媽即使在懷孕期間生蛇，也不用過份擔心胎兒健康。由於孕婦血液內已有保護抗體對付病毒，而且「生蛇」期間的病毒數量較「生水痘」時為低，所以病毒甚少會由孕媽媽身上傳給胎兒，因此胎兒一般不會出現畸形以及發育異常現象。

生蛇處理方法

帶狀疱疹病毒具有傳染性，患者應用消毒紗布遮蓋患處，避免用手接觸水泡液體。避免與未曾出過水痘人士、免疫力較弱人士接觸，如長者、小孩、其他孕婦等。醫生會視乎生蛇病情，或會於 72 小時內處方抗病毒藥物，以抑壓病毒複製生長，加快水泡紅斑復原速度，減低疱疹後神經痛機會。

Q & A

Q 如果有哺乳的媽媽不幸「生蛇」，服藥會不會影響胎兒？

A 婦女在餵哺母乳期間，服用抗病毒藥物的確有機會令藥物出現在母乳中，但一般用於治療帶狀疱疹的抗病毒藥物也適用於餵哺母乳的婦女。

Q 如何預防「生蛇」？

A 接種帶狀疱疹疫苗可以降低帶狀疱疹的發病率，臨床研究顯示接種疫苗後的預防率達五至七成，但一般是建議五十歲或以上的人士接種。

Q 生蛇需要多長的時間復原？

A 患處一般為期 2 至 4 星期便會復原。

Q 生蛇會傳染他人嗎？

A 帶狀疱疹具傳染性，但比水痘的傳染性較低。未感染過水痘或未有接種預防水痘疫苗的人士，若接觸患者疱疹患處（或受其污染的物件），便有機會受感染而出現水痘，但第一次感染並不會出現帶狀疱疹。

Q 生蛇期間如何紓緩痛楚？

A 生蛇期間可以按醫生指示，在患處塗上紓緩藥膏或服食止痛藥，以減輕痕癢和痛楚。

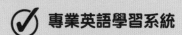

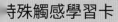

孕婦患痔瘡
產前產後要正視

專家顧問：許盈 / 產科專科醫生

　　從懷孕開始，直至產後，婦女都有機會出現痔瘡問題，但於懷孕期間不適宜進行手術，宜先採用保守性或紓緩性的方法來處理。倘若於產後沒有把痔瘡問題解決，除了帶來疼痛的感覺，以及令排便不暢通外，嚴重時一旦痔瘡破裂，更可能增加出血，甚至造成感染的風險。

50

產前產後有機會患痔瘡

　　港怡醫院婦產科名譽顧問醫生許盈表示，孕婦出現痔瘡問題並不罕見，大約有 25 至 35% 的孕婦會有痔瘡問題困擾。當女性懷孕時，其胃酸分泌減少，胃腸蠕動減慢，加上妊娠時，子宮直接壓迫直腸，當每次大便時，肛門部位的壓力亦會大增，令直腸下部的靜脈血管破裂，增加出血的機會，從而形成痔瘡。

　　由於妊娠期間婦女體內的盆腔組織變得鬆弛，產婦在順產過程當中受胎兒壓迫，或用腹壓幫助胎兒從體內出生的時間較長，因此，容易形成血栓性動脈，引致肛周皮膚形成硬塊，並產生疼痛感，形成痔瘡。這類暫時性的痔瘡，多數會在產後 4 個月內逐漸萎縮。

分內痔及外痔

種類	內痔	外痔
狀況	發生在黏膜與直腸上，靜脈叢的曲張靜脈腫塊，外圍為肛門黏膜柱狀細胞，早期症狀以排便或便後出血為主，晚期可能因痔塊體積逐漸變大，排便時被推出肛門外脫出。 第 1 級：排便時可能出現少量出血，或伴隨痕癢感及分泌物，痔瘡不脫出肛門。 第 2 級：除出血外，排便時痔瘡會脫出肛門，但便後會自動縮回。 第 3 級：痔瘡會持續增大，排便脫出肛門後，必須用手將其推回肛門。 第 4 級：痔瘡長時間脫出肛門，且無法將其推回肛門。	由直腸下靜脈叢擴大曲張或反覆發炎而成，外圍為肛門上皮鱗狀細胞，形狀較不規則，且不易出血。徵狀以疼痛、腫脹、異物感為主，疼痛及痕癢會較為明顯。

增加不適及煩惱

孕婦本身已因懷孕引起腰背痛、腸胃及情緒起伏等問題，承受着各種不適，如果在此時再受痔瘡問題困擾，她們只會覺得「煩上加煩」。除了需要忍受痔瘡帶來的疼痛與排便不暢通外，嚴重時一旦痔瘡破裂，更可能增加出血，甚至增加感染的風險。因此，倘若孕婦出現痔瘡問題，必須予以正視及適當處理。

保守方法處理

許醫生說，治療痔瘡的方法一般可以使用切除手術，例如傳統開刀手術及痔瘡槍手術；但孕婦在懷孕期間並不適合進行手術。由於手術涉及麻醉步驟，若孕婦在懷孕首 3 個月及分娩前 3 個月進行手術，便可能會增加小產風險。因此，醫生多建議出現痔瘡問題的孕婦，先採用所謂「保守性」或「紓緩性」的非手術方法來處理痔瘡問題。透過使用局部藥物，例如栓劑及痔瘡藥膏、改善排便習慣，以至「坐水泡」等，均能減輕痔瘡帶來的不適。

仍有復發機會

很多人都誤以為只要進行手術，便能把痔瘡問題根治，其實並不然。肛腸手術分治標和治本兩種，如果僅是切除痔瘡，這只是治標方法，沒有解決發病的根源。甚麼是發病的原因？若痔瘡與肛管壓力及肛門括約肌有關，只要通過手術使肛管壓力恢復正常，才算是治本。例如婦女有前後側的外痔，多與肛管高壓有關，若她們只是把外痔切了，手術後很大機會很快又長出痔瘡來。所以，進行痔瘡手術後並不保證永不復發。

產後多飲水休息

正所謂防患於未然，及早預防才是最佳方法。許醫生提供了以下預防出現痔瘡的方法，以減低出現痔瘡的機會：

* 建議產後應及早下床活動，並進行適當運動；
* 飲食上應透過進食高纖維的食物，幫助保持大便暢通；

多飲水亦有助減低痔瘡出現的風險。

高纖維的食物有助排便。

- 避免進食辛辣或刺激性食物；
- 多喝溫水，減少飲用冰凍飲品；
- 如廁時間不應過長；
- 培養每天定時坐廁所，以形成條件反射，定時排便；
- 孕婦可以學習做一些促進肛門局部血液迴圈的運動，自行收縮肛門 1 分鐘，放鬆後再次收縮，連續進行 3 次，每日持續進行 3 至 7 次，有效促進肛門周邊的血液循環，減低出現痔瘡的風險。

使用醫生建議藥物

　　婦女如於懷孕期及餵哺母乳期出現痔瘡，均不建議使用內服藥物來治療痔瘡。如孕婦及產婦的痔瘡僅是引起輕度不適，醫生或會建議使用非處方藥膏、栓劑或藥墊，促進肛門周圍血液循環、防止惡化及減輕症狀，暫時緩解疼痛及痕癢不適。

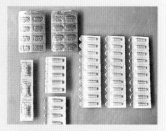

醫生會建議使用栓劑來處理痔瘡問題。

解構陰道炎
保私處健康

專家顧問：鄧曉彤 / 婦產科專科醫生

　　即使在任何年齡，女性似乎都對私處問題難以啟齒，其實原來大部份女性都曾受陰部痕癢、不適等困擾，孕媽媽更有較高機率患上陰道炎，本文婦產科專科醫生為大家講解 3 大常見陰道炎及保養陰部的方法，為孕媽媽們一解疑惑！

婦產科鄧曉彤醫生指陰道在正常的狀況下也會排出分泌物，
其為陰道清潔內部的機制，正常的分泌物一般為透明或灰白色。
懷孕期間，孕媽媽體內的雌性荷爾蒙明顯上升，分泌物亦會變多，
隨着孕媽媽的肚子日漸變大，龐大的子宮壓迫會導致陰部腫脹，
使陰部變得溫暖潮濕，念珠菌、其他細菌亦會因而更容易滋生，
造成陰道炎感染。而懷孕最常見的陰道炎分別是念珠菌陰道炎，
細菌性陰道炎以及乙型鏈球菌陰道炎。

常見 3 大陰道炎

❶念珠菌陰道炎

　　念珠菌陰道炎是十分常見的婦科疾病，是由於真
菌「白色念珠菌」(簡稱念珠菌)在陰道過度增生所致。
常見於生育年齡的女性，大約 7-8 成的女性一生至少
會遭受一次感染，比例相當高。在女性懷孕期間，由
於體內雌激素、黃體酮上升，念珠菌會更容易依附在
陰道黏膜上。同時，免疫細胞抵抗念珠菌的能力，亦
會因荷爾蒙改變而減弱，讓念珠菌更容易滋生，所以孕
婦應該更小心預防念珠菌陰道炎。

　　念珠菌陰道炎的典型徵狀包括陰部痕癢腫痛，以及出現呈
白色豆腐渣狀的分泌物。不過幸好除了導致孕媽媽陰道
不適之外，念珠菌陰道炎對胎兒或懷孕一般不會造成其
他嚴重影響。治療方面，陰道塞劑以及外用藥膏均能有效
抑制念珠菌生長，改善徵狀。

❷細菌性陰道炎

　　正常情況下，陰道內以乳酸菌為主，陰道的細菌會使陰道呈
現酸性，約在 pH 值 4 至 4.5 間，維持陰道的健康。但是陰道內
的細菌種類如改變，有機會改變陰道酸鹼值，進而出現異狀。

　　陰道內本身存在益菌及壞菌，當人的身體抵抗力減弱，便有
機會改變菌種的平衡，益菌減少，壞菌生長，引發細菌性陰道炎。
懷孕期間，細菌性陰道炎的感染率大約為 20%。症狀包括陰部脹
痛、出現帶有魚腥味的黃綠色陰道分泌物。研究顯示細菌性陰道

炎的確有可能增加破水、早產的風險，雖然整體風險並不高，並主要發生在症狀明顯的患者身上，但孕媽媽都不可掉以輕心。

治療方面，口服藥或陰道塞劑都可用來治療細菌性陰道炎，只要依照醫生的指示適當用藥，就能讓陰道的菌叢回復正常。

❸乙型鏈球菌陰道炎

乙型鏈球菌是人體腸道中常見的細菌，有 15% 女性陰道亦會出現此細菌，平時並不會造成危害，但若胎兒於生產過程中經過受乙型鏈球菌感染的陰道，胎兒就有機會遭受感染，甚至引發肺炎、腦膜炎等併發症，因此孕媽媽在懷孕 35-37 周會進行乙型鏈球菌的篩檢。大部份的人均沒有症狀，或只是懷孕常見的陰道分泌物增加，所以只能靠篩檢進行判斷。倘若驗出有乙型鏈球菌，產程中建議使用預防性抗生素進行治療，以避免胎兒受感染。

保持陰道健康方法

日常護理對保持陰部健康很重要，避開陰道炎的第一步應從選擇內衣和日常生活習慣着手，預防陰道炎可以採取下列方法：

- 穿純棉內衣褲以及使用棉質衞生護墊，避免合成纖維質料。
- 穿鬆身衣服，有助空氣流通。
- 每次如廁後，以前向後的方向抹乾陰部，以免把肛門附近的細菌抹向陰道口。
- 宜選用花灑淋浴，避免浸浴或灌洗陰道。
- 避免使用沐浴露或消毒藥水清洗陰部。
- 維持單一性伴侶，並於進行性行為期間使用安全套。

Q&A

Q 陰部痕癢有甚麼方法可以快速止痕嗎？

A 陰部痕癢有機會是陰道炎的徵狀，倘若懷孕期間出現，建議盡早找醫生作進一步檢查，不要自己胡亂使用藥物和藥膏。

Q 外陰沐浴露真的可以保持陰道的酸鹼度平衡嗎？

A 陰道本身有「自潔」功能，可在一定程度上提供保護，避免陰部受感染。一般情況下用清水清洗外陰即可，自行用消毒劑沖洗陰道，反而有可能破壞陰道的防禦功能，增加陰道炎的風險。

市面上有很多針對女性私密肌膚的清潔產品。這類產品和一般潔膚液最大的分別，是它們

陰道有自我潔淨的功能，不需特別使用清潔劑清洗內陰，以免破壞陰道內菌種的平衡。

屬於弱酸性，酸鹼值比較接近陰道。倘若真的想使用清潔用品來清潔陰部位置，它們會較一般消毒藥水和沐浴露合適。

Q 孕期間性行為會增加患上陰道炎的風險嗎？

A 懷孕以及活躍的性生活都會增加患上陰道炎的風險。不過只要做好陰部護理，性交前先清潔性器官，性交後應排清尿液，維持單一性伴侶，並進行安全性行為，使用安全套，在懷孕期間仍能保持性生活。假若出現陰道不正常出血，早產或小產現象，或正患有陰道炎，就建議暫時避免性生活，先把症狀治療好。

孕期皮膚
護理6問

專家顧問：胡惠福 / 皮膚科專科醫生

常聽說懷孕會導致荷爾蒙變化，皮膚會出現各種各樣的狀況，究竟孕媽媽會面對哪些皮膚問題？孕期中又該如何護理皮膚，令產後更易恢復？今期請來皮膚科專科醫生，為大家詳細講解孕期皮膚護理吧！

探知閣

Q 孕媽媽會面對哪些常見的皮膚問題？

A 孕媽媽在懷孕期因受荷爾蒙改變的影響，皮膚會比較敏感，可能會出現皮膚痕癢，常見的皮膚問題包括「妊娠性濕疹」及「多形性妊娠疹」。

妊娠性濕疹

「妊娠性濕疹」的徵狀與「異位性濕疹」相似，患處會出現痕癢紅腫斑塊，其後皮膚出現粗糙及脫屑現象，常見於面、頸、肚、臀部及大腿等部位，患者通常有敏感性體質，發病時期一般在懷孕初期。

多形性妊娠疹

至於「多形性妊娠疹」，同樣會引起痕癢及紅腫徵狀，多數人都會出現與蕁麻疹相似的紅疹，經常發生於肚皮的妊娠紋上，亦可影響四肢，一般會病發於懷孕晚期，首次懷孕的孕婦較大機會患上。

Q 如何護理患有「妊娠濕疹」及「多形性妊娠疹」的皮膚？

A **護理妊娠濕疹：**

妊娠濕疹一般不會影響胎兒健康。患者應經常塗抹潤膚霜，以保持皮膚滋潤及紓緩濕疹症狀。病情較嚴重時，醫生可能需要處方外用類固醇及口服抗組織胺藥物。

護理多形性妊娠疹：

一般不會影響胎兒健康，多數在嬰兒出生後的數周內自行痊癒。患者應經常塗抹潤膚霜，以保持皮膚滋潤及紓緩症狀。病情較嚴重時，醫生可能需要處方外用類固醇及口服抗組織胺藥物。

Q 除了皮膚出疹，孕媽媽的皮膚會有甚麼變化？

A **暗瘡**

因為荷爾蒙的刺激，孕婦面上油脂分泌或會較為旺盛，引起暗瘡問題。

妊娠紋

由於皮膚被急速拉開，導致膠原蛋白及彈性蛋白被扯斷，因此很多孕媽媽都會在懷孕中期開始有妊娠紋，常見於腹部、大腿及乳房的皮膚。妊娠紋起初會呈現為紅色，生產後會漸漸變成白色，但未必會完全消失。

黑斑、色素沉澱、黑痣

由於懷孕期間荷爾蒙的分泌刺激，孕媽媽容易於臉上兩頰出現淡啡色的黑斑（又稱為肝斑，懷孕時期所產生的肝斑亦稱為孕斑）。另外，乳暈、腹部中線、生殖器官、腋下、大腿內側亦會出現色素沉澱，而身上原有的黑痣或斑也可能加深顏色。

Q 孕媽媽塗防曬須注意甚麼？

A 防曬霜應選擇無香料、無色素、無防腐劑、低敏配方的產品。另外，建議選用物理性防曬霜，因其性質溫和、安全性高、致敏風險低，較為適合皮膚比較敏感、容易痕癢的孕媽媽。

一般而言，進行戶外活動時，塗搽 SPF 30 及 PA +++ 的防曬霜已有足夠防曬保護。

Q 如何護理患有暗瘡、妊娠紋和黑斑的皮膚？

A **護理暗瘡：**

保持皮膚清潔，避免進食辛辣食物。若暗瘡嚴重時，應看醫生，忌自行購藥，因為某些專治暗瘡的藥物會引致畸胎。

護理妊娠紋：

目前仍未有方法可以有效地防止妊娠紋的出現，或減少已形成的妊娠紋。為減低皮膚紋路的嚴重程度，可塗上潤膚霜或橄欖油，以保持皮膚滋潤。勤做產後運動，亦有助收緊腹部皮膚，改善妊娠紋外觀。

妊娠紋開始時是紅色，之後便會慢慢變成白色。孕媽媽於分娩後，當妊娠紋處於紅色紋路時期，可考慮激光治療以改善妊娠紋；相對白色紋路時期，在紅色紋路時期的治療效果較好。

護理黑斑：

黑斑又稱為肝斑，而在懷孕時期所產生的肝斑亦稱為孕斑、色素沉澱、黑痣等問題，會因日曬而加劇，所以孕媽媽要注意防曬措施。

Q 孕媽媽秋冬季如何護膚？

A 孕媽媽皮膚比較敏感、容易出現痕癢，秋冬時應注意以下事項：

- 皮膚乾燥痕癢時，應避免搔癢皮膚，以免抓損引致皮膚發炎。
- 避免用過熱的水沐浴，並應選用溫和的沐浴乳。
- 應穿鬆身棉質的衣服，以免刺激皮膚。
- 塗上適當份量的潤膚霜，保持皮膚滋潤。洗澡後皮膚仍然微濕時，塗上潤膚霜的保濕效果最佳。
- 應選用無香料、無防腐劑、性質溫和、低敏配方、滋潤性高的保濕霜。

中西合璧
趕走濕疹

專家顧問：陳世樂 / 婦產科專科醫生、彭明慧 / 註冊中醫師

　　受荷爾蒙的影響，不少媽媽在懷孕期都會濕疹發作，即使本身沒有濕疹，也有可能在此時變得痕癢難當。事實上，當媽媽因懷孕而令新陳代謝出現變化時，特別易令皮膚出現過敏的情況，濕疹便是其中之一。本文會介紹幾種濕疹護理法，讓孕媽媽能抵抗癢症！

西醫 濕疹護理

據婦產科專科醫生陳世樂表示，在安全的情況下，西醫一般也會用藥治療濕疹，不過在這之前，先要排除濕疹以外的其他可能性。原來孕媽媽的皮膚痕癢，除了是患上濕疹之外，也可能是其他徵狀相似的疾病。例如是因為肝問題而出現黃疸素異常等，雖然這類情況並不常見，但孕媽媽還是要多加小心。

嚴重者要塗類固醇

在確診了是濕疹之後，醫生會按病人的周數和病情去作出不同的建議。對於病情較輕的媽媽，醫生首先會建議從日常生活入手，例如注意洗澡時的水溫不要太熱、勤用護膚品滋潤皮膚等。如果情況嚴重，則會處方含微量類固醇的外用藥物，供媽媽塗抹於患處，以加強治療效果。有需要的話，醫生更會因應病人的周數和需要，考慮是否需要處方口服類固醇，不過這當然要視乎醫生的判斷了。

中醫 濕疹護理

註冊中醫師彭明慧表示，孕婦在妊娠中、後期常常會發生皮膚痛癢，對於這種瘙癢，中醫學上會稱之為「妊娠期濕瘡」。彭明慧認為，這類濕疹是與機體的變態反應有密切關係，患者通常是擁有先天性過敏的體質，並在懷孕期間過食濕盛熱重之物，或因晚睡、或因煩燥不安而令皮膚呈現紅、腫、熱、癢等不適症狀。

中醫治療孕媽媽的過敏風熱型濕瘡時，還多會以滋陰養血，清熱祛風、健脾除濕為主要治療原則。中醫還會根據病人的狀況，為孕媽媽處方外洗的藥物，藥方多用忍冬藤、苦參、鮮皮和蟬退等。除此之外，彭明慧醫師還建議各位孕媽媽，應多加注意飲食，忌食冷凍、辛辣的食物，以免使身體不得溫煦，致使濕者越濕。她更建議有濕疹病史的媽媽，減少在孕期食用太多高蛋白質的食物及發物如海鮮、筍、芋頭等以免提高胎兒經誘發過敏的機會。

紫雲膏 DIY

　　除了一般的中西醫療法外，媽媽有沒有想過要自製紫雲膏作濕疹護理呢？本文香薰治療師 Vic Cheung 給大家上一課紫雲膏 DIY！

Step 1.
先把 1-6 項的材料混合浸泡一個月。

Step 2.
隔水把材料加熱，然後加入蜂蠟和可可脂。

材料

有機冷壓芝麻油	...50 毫升
有機橄欖油	..........150 毫升
紫草根	.... 16 克
當歸	.... 16 克
白芷	.... 6 克
金銀花	.... 6 克
有機蜂蠟	.... 30 克
可可脂	.... 12 克
有機茶樹香薰精油	.... 30 滴
有機玫瑰草香薰精油	30 滴
有機薄荷香薰精油	.... 30 滴

Step 3.
當材料完全溶化混合後，再加入所有香薰精油。

Step 4.
把材料倒進已消毒的容器中，靜待 10 分鐘或至完全冷卻。

Step 5.
大功告成！有機香薰紫雲膏完成啦！

功效

　　香薰治療師 Vic Cheung：「這款紫雲膏用上了有機冷壓芝麻油，能滋潤皮膚，適用於乾癬和濕疹各種膚質。其中的紫草根成份，除了殺菌消炎外，更有助細胞增生，治癒疽瘡瘍。而其他成份如玫瑰草精油和蜂膠等，都有殺菌和緩和皮膚的功效，不少孕媽媽都用來塗於濕疹患處，能快速地消炎止癢。而一般的自製紫雲膏，可以存放 3 個月以上，而為了進一步確保保質期，各位媽媽在製作前，一定要先消毒各種器具呀！」

孕期腸胃
有問題點解決？

專家顧問：李文軒 / 婦產科專科醫生

很多孕媽媽在孕期間有腸胃不適的情況，從孕吐到便秘經常困擾着準媽媽，究竟在孕期的腸胃問題怎麼解決？本文請來婦產科專科醫生和大家講解孕期腸胃問題。

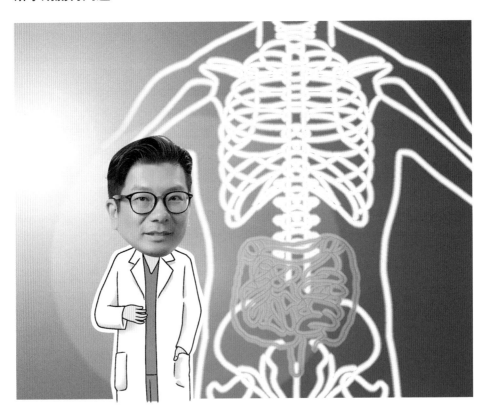

探知閣

Q 如果孕媽媽持續出現胃口不振，該怎麼辦？

A 懷孕時期胃口不振是個常見的問題，早期懷孕大概一半以上的女士會感到作嘔作悶引致胃口不振。大多數孕媽媽會由六周開始感到胃口不振的問題，而大部份孕媽媽會在 12 至 15 周後開始減少。差不多生產的時候這個感覺可能又會重現，但有些女士食欲不振會持續整個懷孕過程，直到生產為止。

至於怎樣解決食欲不振的問題，李醫生建議：

- 不能強迫自己食，嘗試少食多餐
- 食多些高纖維食品，例如水果，避免便秘
- 多喝水
- 避免一些強烈味道的食品，例如辣味食品
- 盡量減低心理壓力
- 可食用有薑味的食品或飲薑水
- 吸收維他命 B6
- 盡量不要平睡

Q 孕媽媽比較容易患上腸胃炎嗎？

A 沒錯，懷孕女士是容易比較患上腸胃炎。主要原因是因為懷孕荷爾蒙引致作嘔作悶，又名妊娠劇吐，嚴重者可能引致不能進食。如患上，孕婦體內的電解質可能會有偏差而且可能需要入院打點滴和吊鹽水。另外懷孕時激素和黃體酮指數增加，減低腸和胃部的動態，因而引致便秘和胃酸倒流，兩者也能令到胃口不振。不斷增大的寶寶會壓着孕婦的胃部和腸部，增加便秘和胃酸倒流的情況。除此之外，懷孕對於某些女士可以造成一些心理壓力。她們可能擔心寶寶的健康或將來能否照顧小孩，因而產生懷孕時的壓力，這些壓力也可能令孕婦感覺到食欲不振。

Q **孕媽媽沒食慾時，是否需要進食營養補充劑？**

A 如果食欲不振的嚴重性未至於嚴重嘔吐，對於孕婦和寶寶的身體影響其實不大，只要保持少食多餐和均衡飲食經已足夠。但如果孕婦嚴重嘔吐會帶來影響，主要會減低孕婦的水份、糖份、能量、鈉、鉀、鎂和維他命 B1 (thiamine 硫胺）。李醫生建議孕婦如能進食，盡量增加擁有這些營養的食品和維他命 B 補充劑。另外亦可以吃多種維他命 B 補充劑包，含 B1 和 B6，補充嘔吐流失的 B1 和 B6，可減少嘔吐的症狀。維他命 D 和鈣也是能夠增加體內鎂的吸收，所以嘔吐的孕婦可補充維他命 D 和鈣。

Q **孕期的腸胃問題會影響子宮收縮嗎？**

A 嚴重和持續肚瀉即嚴重腸道收縮，是會增加子宮敏感度和收縮的風險。所以如果孕婦經過持續的肚瀉後，如果感覺到有規律的子宮收縮，那便要找你的婦產科醫生檢查，確認是否有作動的可能，特別是如果孕婦孕期未足月，可能會有早產的風險。

Q 孕婦腸胃不適有甚麼方法可以幫助緩解？

A 由於荷爾蒙的增加和不斷生長的寶寶壓着腸道，便
秘是孕婦最常見的問題。嚴重便秘不但令到孕婦感
到肚子不適，更容易增加痔瘡的風險。很多時
候便秘的孕婦怕谷大便會傷害到肚裏的寶寶，
但其實不會。當孕婦便秘時又不敢嘗試排便，
那只會令便秘的情況更加嚴重，造成一個循環。
所以李醫生建議就算害怕也要盡量嘗試排便。
其他方法可以幫助到緩解便秘的問題包括：

- 多喝水和保持身體的水份
- 增加多纖維的食品，例如菜類及水果類
- 做適當的運動，增加肚裏腸道動力因而減低便
  秘
- 減少鐵質和鈣質的食用，因鈣質和鐵質會增加便秘的風險

Q 懷孕後期拉肚子是生產的先兆嗎？

A 懷孕的後期，身體會製造一些前列腺素（prostaglandin）。這
些前列腺素（prostaglandin）是準備生產時，令子宮增加收
縮和子宮頸擴張。另外一個作用便是令腸道增加收縮，將腸
內大部份的大便排出，因而增加肚瀉的機會。所以生產前有
肚瀉的機會是增加的，但肚瀉本身不是一個生產的徵兆。生
產的徵兆包括有規則的子宮收縮痛楚、子宮頸開始打開、見
紅或穿羊水。

69

孕期尿頻
如何改善

專家顧問：方秀儀 / 婦產科醫生專科

　　孕媽媽有沒有發現在懷孕之後，常常都會尿頻，明明剛上完廁所沒多久，又是一陣尿意襲來？即使不是很嚴重的疼痛或不適，但也帶來許多生活上的不便，究竟孕期頻尿是甚麼原因造成的？與泌尿道感染有關係嗎？不適感又可以如何緩解呢？本文請來婦產科醫生拆解孕期尿頻的迷思。

孕期膀胱和尿道變化

婦產科醫生方秀儀表示，懷孕期間百分之九十多的孕婦都經歷過尿頻，當子宮撐大後會壓迫膀胱和輸尿管，導致輸尿管擴張及水腎。

懷孕初期

懷孕初期因為受到黃體素分泌的變化影響，使泌尿道的輸尿管、膀胱周圍平滑肌變得鬆弛，包括輸尿管、腎盂 (匯集尿液) 等處均會擴張。

懷孕中期

隨着懷孕的周數增加，子宮擴大，通常較往右偏，容易壓到右邊的輸尿管，所以孕婦泌尿系統的右側輸尿管，腫脹比例也較高，甚至較嚴重的則會引起右側腎水腫，或右側輸尿管水腫的情形。

懷孕後期

懷孕除黃體素分泌的影響變化外，還包括雌激素的增加，而到了後期，雌激素的濃度累積越來越多時，也容易使大腸桿菌更容易附著在泌尿道的上皮細胞，並引起泌尿系統的感染症狀。

尿頻原因

孕期尿頻是孕媽媽常見的生理現象，通常在懷孕前後三個月感到最強烈的頻尿感覺。

荷爾蒙影響

懷孕期間人絨毛膜促性腺激素會大量產生，它會增加血液流向骨盆區，使孕婦有排尿的衝動，不斷想要上廁所。

子宮壓迫膀胱

1. 懷孕初期

懷孕 14 周以前，子宮體增大但又未升入腹腔，在盆腔中佔據了大部份空間，將膀胱向上推移，刺激膀胱，引起尿頻。懷孕 14 周以後，子宮往上漂到腹腔內，此時頻尿現象可獲緩解。

2. 懷孕後期

在這個階段，胎兒降至骨盆腔，再次壓迫膀胱，使膀胱容積減少，貯尿量明顯減少，排尿次數增多。

● 腎臟血流增加

懷孕期母體內的腎臟血流量是正常的一倍半，所以孕婦常常會有尿頻的情況。

● 膀胱肌肉鬆弛

黃體酮荷爾蒙令輸尿管的平滑肌鬆弛，膀胱肌肉會變得比較無力，這也會導致孕婦比較難堅持住尿液，稍有壓力就想要上廁所，或是洩漏尿液。

醫生提醒，頻尿雖然是孕媽媽必經之路，但當輸尿管受壓而擴張時，細菌滋生及尿液逆流的機會便會增加，而因為尿液酸鹼值和滲透壓的改變，若再加上有糖尿、蛋白尿、泌尿道異常或結石等疾病，更使得孕婦成為泌尿道感染的高危險族群。若缺乏適當的治療，可引致腎炎及早產。因此，若尿頻加上小便赤痛或小便有血，便有可能是尿道炎的症狀，需要及早看醫生。

改善尿頻的方法

由懷孕初期荷爾蒙變化，或後期因膀胱受到子宮壓迫而引起的尿頻，均屬於正常現象，無法真正解決，到了懷孕中期以及生產後就會改善。不過，孕媽媽也可從生活習慣上盡量減低尿頻的不適感，以及預防因泌尿系統的疾病而引起的尿頻。

醫生小貼士

- 平時要適量補充水份，但不要過量或大量喝水。
- 臨睡前 1-2 小時內最好不要喝水。
- 休息的時候採取左側臥的方式，可以避免膀胱受到刺激。
- 外出時若有尿意，不要憋尿，以免造成膀胱發炎或細菌感染。
- 排尿時往前傾，這樣有助於排空膀胱內的尿液。
- 在排尿的時候，完成後再排一次，這樣有助於避免尿液殘留。
- 多數問題於產後會紓緩。
- 做產後運動，鍛煉盆骨底肌肉，減少尿頻、漏尿、子宮下垂等問題。

Q&A

Q 減少喝水可以防尿頻嗎？

A 切記不要為避免尿頻而限制飲水或進食流質食物，因為若身體缺乏水份，只會增加尿道炎的機會。

Q 孕媽媽比較容易患上腸胃炎嗎？

A 懷孕女士是容易比較患上腸胃炎。主要原因是因為懷孕荷爾蒙引致作嘔作悶，又名妊娠劇吐，嚴重者可能引致不能進食。如患上，孕婦體內的電解質可能會有偏差，而且可能需要入院打點滴和吊鹽水。另外懷孕時激素和黃體酮指數增加，減低腸和胃部的動態，因而引致便秘和胃酸倒流，兩者也能令到胃口不振。除此之外，懷孕對於某些女士可以造成一些心理壓力。她們可能擔心寶寶的健康或將來能否照顧小孩，因而產生懷孕時的壓力，這些壓力也可能令孕婦感覺到食欲不振。

Q 進食哪些食物會使尿頻問題嚴重？

A 有些食物像天然的利尿劑，例如咖啡因、黃瓜、蔓越莓、菠菜等，這些食物全都會增加排尿的衝動，因此要從飲食上限制攝入利尿劑。

Q 有甚麼運動可以改善？

A 骨盆底肌肉訓練，能加強肌肉力量的鍛煉，多做會陰肌肉收縮運動，不僅可收縮骨盆肌肉，以控制排尿，亦可減少生產時產道的撕裂傷。

Q 為何除了尿頻也會膀胱痛？

A 當子宮變大且胎頭逐漸往下，容易壓迫膀胱產生頻尿與不適感。若上廁所時出現解尿疼痛的情況，建議進行尿液篩檢，檢查是否尿道感染；如果沒有，多喝水應可緩解症狀。一旦確定為膀胱感染，甚至是泌尿道感染，要以抗生素進行治療，如果泌尿道感染未妥善控制演變成膀胱炎，嚴重更可能導致腎盂腎炎，增加母親與胎兒的危險，若缺乏適當的治療，可引致早產，甚至提高胎死腹中的機率。

Q 為何尿頻情況會夾雜着漏尿？

A 變大的子宮壓迫着膀胱，負責支撐膀胱的盆骨底筋群便會因懷孕變得鬆弛，令膀胱位置下降，腹部稍為受壓如咳嗽、打噴嚏時便有可能造成尿失禁，即漏尿。當然，漏尿也可能是尿道感染，孕媽媽若有懷疑應到醫院作尿液檢查種菌，向醫護人員求助。

孕期漏尿

點算好？

專家顧問：陳安怡 / 婦產科專科醫生

懷孕不容易，很多孕媽可能只是不小心打了個噴嚏，尿液便控制不住從身體裏流出來，這不單會引起尷尬，還是一個需要關注的身體問題。本文醫生為各位講解孕期漏尿，它為何產生，又應該如何改善呢？

孕媽為何易漏尿？

婦產科專科醫生陳安怡表示，當女性懷孕後，骨盆底肌肉會直接承載胎兒的重量。隨着胎兒生長體重不斷增加，會使骨盆底肌肉過度伸展和鬆弛。同時在懷孕期間，膀胱受增大的子宮壓迫，可能會出現尿頻情況；當胎兒越來越大，尿意頻繁的現象有機會增加。當孕媽媽大笑、咳嗽、噴嚏或跑步時，腹腔內和膀胱的周圍壓力會增大，而這種壓力又會擠壓膀胱，加上骨盆底肌肉過度伸展和鬆弛，有機會控制不住漏尿。

漏尿毛病延續至產後

順產的時候媽媽需要用力推出胎兒，每一下的推力都會增加腹腔內的壓力，而這種壓力又會不斷擠壓膀胱和骨盆底肌肉；而且順產時有機會導致不同程度的陰道和骨盆底肌肉撕裂，這些都會使原本已經鬆弛的骨盆底肌肉更加受壓，所以產後膀胱的感覺和控制小便的能力會變得更差。

第一胎未必會漏尿

漏尿失禁的風險會隨着懷孕次數、年齡、媽媽和胎兒的體重等原因增加，所以大部份第一次懷孕的媽媽都未必會發生漏尿的情況，而剖腹生產的媽媽也比順產的媽媽較低機會患上漏尿失禁的問題。

哪類孕媽在孕期和產後容易發生漏尿？

✔ 體形肥胖的人 *
✔ 多胎懷孕或多次數的懷孕
✔ 巨嬰
✔ 順產或需要輔助生產
✔ 順產時有嚴重的陰道或
　骨盆底肌肉撕裂
✔ 尿道感染

*本身較肥胖的女性，其體重已經令腹腔內的壓力比較大，再加上變大的子宮和胎兒的體重，會使骨盆底肌肉承受更大的壓迫。

區別漏尿、分泌物、羊水

經常有孕媽媽表示，懷孕時褲子總是濕濕的，如何區分到底是漏尿、分泌物還是破羊水呢？陳醫生稱，主要可以透過視覺、嗅覺和感覺三方面檢視。視覺主要看顏色和流量，嗅覺則聞氣味判斷，而感覺即是留意流量的多少及其是否能控制。

	破羊水	分泌物	漏尿
顏色	濁、清澈淡黃色	乳白色或黃色，質地黏稠	清澈黃色
氣味	沒有	正常沒有	有
流量	高位量少，低位量多，不可控制	沒有	使用腹壓尿意自然流出

需要注意，破羊水有分高位破水以及低位破水：高位破水流水量少且速度慢、位於子宮底位置高，低位破水流水量大且速度快，位於子宮頸且位置低。最難分辨的是高位破水，因為流量少，很多孕媽媽都以為是漏尿或分泌物的狀況。如果有持續滲漏的感覺，應跟醫生說明再作檢查。

改善漏尿

孕媽可以透過日常運動和飲食改善漏尿問題，而運動以鍛煉骨盆底肌肉為主，而飲食上則要注意控制體重和減少咖啡因的攝取。

1. 鍛煉骨盆底肌肉

鍛煉骨盆底肌肉不僅能夠減輕孕期尿失禁，也有利於分娩和產後恢復，孕媽媽應在產前期間開始練習。盆底肌體操非常簡單，在許多場合都可以進行：

- 提肛訓練：每日進行50至100次緊縮肛門及陰道運動，每次3至5秒。具體方法為：臀部肌肉用力，收縮肛門，堅持數到10後，由口緩緩吐氣，放鬆。呼吸一下後，重複同樣的動作，10次為一組。

- 平躺在床上進行仰臥起坐運動10分鐘，每日2次。
- 平臥在床上進行快捷而有規律的伸縮雙腿運動10分鐘，每日3次。

2. 控制體重

懷孕期間避免體重增加過量，理想為大概一星期增約 0.5 公斤。如孕期暴飲暴食體重增加過多，會增加腹腔壓力。孕期因生理變化胃口也會改變，飲食盡量以多樣性天然食物為主、不偏食並搭配適度運動。

3. 減少攝取咖啡因

咖啡因會刺激膀胱迫尿肌收縮，使膀胱變得敏感、不穩定而產生漏尿。減少攝取咖啡因，以其他不含咖啡因的飲料代替。

治療漏尿

大部份的漏尿情況都會在生產後和經過骨盆底肌肉運動而改善，只有小部份的女性會有持續的問題。如果問題持續甚至惡化，醫生會評估狀況而有不同的治療方法。首先要區分孕媽屬於哪種失禁情況，而通常從症狀上分為 2 類：

壓力性尿失禁：腹部壓力增加，如咳嗽、打噴嚏、提重物、運動時，發生了漏尿情況。

急迫性尿失禁：為突發的強烈尿急現象，在來不及到達廁所便控制不住發生漏尿，其症狀有尿急、尿頻、夜尿，這些症狀可能發生在日間、夜晚或睡眠時候。

有時候也會進行膀胱壓力和尿速檢查去確認，兩種尿失禁可以同時出現。針對壓力性尿失禁的問題，主要靠骨盆底肌肉運動去治療。但當運動無效果的時候，就需要考慮手術的方法，例如尿道吊帶術；而針對急迫性尿失禁，可以進行膀胱訓練和藥物治療。

懷孕的「泌」密
腎結石、尿道炎

專家顧問：張皓琬 / 泌尿外科專科醫生

　　懷孕時患尿道炎和腎石都容易引起急性腎炎，影響媽媽和胎兒，嚴重時可能會發展為妊娠毒血症、早產、提早穿水、寶寶體重下降，甚至寶寶死亡。本文醫生為大家講解孕期的泌尿疾病，防患於未然。

腎結石

認識腎結石

腎結石（Kidney stones）是指尿液中的礦物質結晶沉積在腎臟裏，有時會轉移到輸尿管。體積較小的腎結石可以隨尿液排出體外，但體積較大的腎結石有可能會堵塞輸尿管，造成尿液受阻。泌尿結石最常見的成份是草酸鈣，此外還有磷酸鈣、尿酸鹽、磷酸銨鎂等。

點解懷孕易生石？

懷孕時孕婦的身體會產生較大的變化。泌尿外科專科醫生張皓琬表示，首先血量會大增，血液中的礦物質增多，包括鈣質、維他命 D、草酸、尿酸、鹽份等，而且很多孕婦在懷孕首 3 個月會服用鈣片，此時尿液酸鹼度會逐漸偏向鹼性，容易產生腎結石。然後到懷孕 12 周之後，體內的黃體酮會越來越高，引起泌尿系統的擴張，包括輸尿管、腎盂的位置，這時尿液便容易儲存在輸尿管和腎盂裏。同時懷孕最後 3 個月，由於寶寶發育漸大，子宮的變大會壓迫兩側的輸尿管，特別是輸尿管後 1/3 的位置處，導致尿液流至膀胱的速度變慢。

如果媽咪在這期間進食高草酸、高尿酸的食物，同時水攝入量比較少，尿液裏的礦物質便會容易製造結晶，繼而形成結石，因此孕期便會出現腎結石的情況。

生石引發疼痛

如果腎石導致疼痛，一般不會腹部作痛，而是後面腰骨左右兩邊作痛，該疼痛可能會引起作嘔、作悶甚至發燒的症狀。若腎石落到輸尿管，從後面背脊一直打斜到陰唇或陰蒂附近都會作痛，並導致尿頻尿急、排尿痛、排血尿等症狀。這時孕婦應立即向家庭醫生以及泌尿專科醫生求助。

找出腎石

為了找出腎石，醫生一般會先安排孕婦照超聲波，這是對媽寶都安全的一種方法。如果超聲波無法找出腎石，低劑量磁力共振和低劑量電腦掃描，對媽寶的影響會較少。

腎石治療

懷孕期間若發現腎石，是否一定要做手術？張醫生表示，這需視乎腎石是否造成發炎，除了手術，亦有可能透過非手術治療；腎炎無法利用藥物和止痛劑控制，便需要做手術。此外，若腎石阻塞輸尿管，便有可能引發腎衰竭、敗血病的情況，這時會透過手術，往體內放一條內在支架，以擴張輸尿管，令腎石不再阻塞輸尿管；較嚴重的情況，或需要利用皮腎穿刺導管，直接從皮膚插入到腎盂當中，為腎放壓，從而改善炎症。少於1公分的腎石，一般可安全做輸尿管取石手術，這需要專業的泌尿專科醫生和孕婦家人商量決定。

尿道炎
尿道炎可引致小產

女性患尿道炎非常普遍，尿道炎是泌尿道感染中最常見的一種，一般由細菌感染引起。由於女性的尿道短於男性，因此細菌便容易進入膀胱和腎臟。尿道炎常見症狀有尿急尿頻、排尿痛、排尿帶血。而1至4%的孕婦會感染尿道炎，其中2至10%無病症，所以很難察覺，但其小便中細菌含量高。前文提到，懷孕期間受荷爾蒙影響，裝載小便的腎盂、輸尿管擴張，而且子宮膨脹會壓迫膀胱，容易導致膀胱未能完全排清小便。最可怕的事情並非膀胱炎和尿道炎，而是細菌留在腎當中變成急性腎炎，特別在懷孕最後3個月，很容易引致小產、妊娠毒血症甚至胎兒死亡。張醫生表示，無論是有病症還是無病症的尿道炎，都需要醫治。

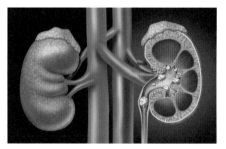

若腎結石體積過大，容易造成輸尿管堵塞的情況。

*孕期尿道炎容易誘發膀胱炎，
嚴重時甚至引起急性腎炎。*

積極檢查和治療

　　張醫生建議孕婦在懷孕14至16周時，讓醫生檢查小便中是否藏有細菌，若檢測出來，即使無病症，亦需要吃一個療程的抗生素。若孕期經常出現尿道炎的情況，便需要採用預防性抗生素治療，以清除體內的細菌。孕期可透過飲水預防尿道炎和腎石，每日飲3至3.5公升水可以幫助排出細小的腎結石。

若小便檢測出含有細菌，即使無尿道炎病徵，孕婦亦需要吃一個療程的抗生素。

孕前準備

　　一般婚前檢查注重遺傳病、高血壓、糖尿病等問題，卻容易忽視泌尿系統的檢查。張醫生提醒，若婦女在未懷孕前已經常有復發性尿道炎，有尿急、尿頻、膀胱下腹痛的情況，便可能有腎結石、膀胱炎、間質性膀胱炎，或者天生的膀胱輸尿管逆流 (vesicoureteric reflux) 問題。為了令懷孕期間母子平安，準媽媽需要提前諮詢醫生，若放任這些問題不管，在孕期容易形成腎炎，嚴重時甚至會發展為妊娠毒血症、早產、提早穿水、寶寶體重下降，甚至寶寶死亡的問題。其實婚前女士的泌尿系統檢查很簡單，包括尿液常規、尿液細菌培養、泌尿系統掃描，如果大家有以上的問題，懷孕之前便要盡快請教醫生。

孕期打疫苗
宜揀非活性

專家顧問：靳嘉仁 / 灣婦產科顧問醫生

接種疫苗可以保護人體免受病菌的困擾，對於孕婦而言，疫苗更能為自己和胎兒提供雙份的防護。然而需要注意，疫苗注射實質上是將煉製過的病菌注入人體內，通俗來說屬於「以毒攻毒」，因此孕期接種疫苗需要份外注意。孕期可以接種甚麼疫苗，又需要避免接種甚麼疫苗，本文醫生為大家詳細講解。

疫苗原理 以毒攻毒

香港港安醫院－荃灣婦產科顧問醫生靳嘉仁表示，疫苗可分為活性減毒疫苗與非活性疫苗兩大類。注射疫苗的原理，通俗解釋即是「以毒攻毒」，將各種病毒或細菌，以不同的方式煉製，並將其注射至人體內，待免疫系統產生抗體，當再次感染相同病毒時，體內的抗體便能發揮作用。

孕期宜選非活性疫苗

活性減毒疫苗，是將具感染力的「活」細菌，經過減毒的過程降低其毒性。若孕婦接種該類型疫苗，雖然母體產生的抗體可經胎盤傳遞給胎兒，但其病菌也可能隨着血液感染胎兒，因此孕期應避免接種此類疫苗，例如德國麻疹疫苗、水痘疫苗等。

非活性疫苗是以死菌或細菌分泌的毒素製成，所以對胎兒沒有感染力，可安心注射，但其免疫效果較低，無法持久，例如流感疫苗、乙型肝炎疫苗、破傷風等。

忌用噴鼻式流感疫苗

流行性感冒疫苗，又稱流感疫苗。與未懷孕的女士相比，由於孕婦的免疫系統產生變化，若孕婦在懷孕期間感染流行性感冒，便會有較高機會出現嚴重併發症。流感疫苗亦分為活性減毒疫苗和非活性疫苗兩類，注射式的流感疫苗屬於非活性疫苗，對母嬰均安全。在流感高峰期前或高峰期期間，所有孕婦，不論懷孕周數，都應該接種流感疫苗。需要注意，噴鼻式的流感疫苗乃減活疫苗，孕婦應避免使用。

百日咳疫苗 宜 35 周前打

孕婦無論過往是否接種過百日咳疫苗或感染該病，靳醫生建議，在每次懷孕的妊娠第二或三期期間的任何時間，接種一劑無細胞型百日咳疫苗，作為恆常產前護理的一部份，並於懷孕35周前接種為佳。疫苗在孕婦體內產生的抗體能透過胎盤傳送給胎兒，為嬰兒在出生後、接種百日咳疫苗前提供直接保護，以預防感染百日咳。

接種疫苗後懷孕 是否繼續

部份疫苗的接種時間跨度較長，若接種期間懷孕，是否需要停止接種？例如乙型肝炎疫苗的接種，一般需要於半年至一年完成。由於該疫苗屬於非活性疫苗，若女性在接種乙型肝炎疫苗後發現懷孕，孕期於合適時間依然可以安心完成接種乙型肝炎疫苗，不會對胎兒造成感染，亦可以降低嬰兒感染乙型肝炎的風險。

而人類乳突病毒疫苗（HPV疫苗）的接種需於半年內完成，若接種過程中發現懷孕，建議先停止接種，待生產後才重新接種。

不宜打德國麻疹或水痘疫苗

靳醫生表示，目前只有天花疫苗證實對胎兒有害，因此孕期不應接種，而其他活性減毒疫苗目前仍未有相關證據，證實一定會對胎兒造成不良影響，但理論上活性減毒疫苗有可能穿過胎盤而感染胎兒，因此孕期不必急於注射該類疫苗，反而適宜於孕前做好準備。德國麻疹疫苗、水痘疫苗屬於活性減毒疫苗，有機會對胎兒正常生長發育造成不良影響，靳醫生建議接種後3個月至半年後懷孕，才不會影響胎兒的健康。

疫苗副作用一般較輕

　　孕婦接種疫苗後可能產生的副作用，與其他人的副作用相同，包括注射部位疼痛、發紅或腫脹、暈厥、頭痛、發燒、肌肉痠痛、噁心和疲勞，症狀一般較輕微，持續1至2日，嚴重的副作用極為罕見，但如果發燒、紅疹、疼痛情況嚴重，便需要立即求醫。靳醫生提醒，流感疫苗中的部份成份是由雞胚胎製造而成，若是對雞蛋過敏的孕婦，有可能會產生嚴重的過敏反應，因此注射前需要了解是否有特殊過敏病史。

若在懷孕前期接種，
抗體能否向嬰兒傳遞？

　　懷孕期間，無論是前、中、後期，接種疫苗均有助保護初生嬰兒，因為當胎兒仍在子宮內時，母親的保護性抗體可傳給嬰兒，即使是在嬰兒出生後，亦可以透過母乳傳遞。

孕期疫苗接種情況簡表

宜接種	如有需要可接種	不宜接種
• 流行性感冒疫苗	• 乙型肝炎疫苗	• 天花疫苗
• COVID-19信使核糖核酸（mRNA）疫苗	• 破傷風疫苗	• 德國麻疹疫苗
• 無細胞型百日咳疫苗		• 水痘疫苗

孕媽防護

對答

專家顧問：忻珠 / 醫院產科部經理、方秀儀 / 婦產科專科醫生

孕期孕媽任何時候也要提高警覺，出入時切勿鬆懈，以下請來明德國際醫院產科部經理及婦產科專科醫生教孕媽媽如何安全防護！

Q&A

Q 孕媽 Cherry：**孕媽出入有甚麼要注意？**

A 忻經理：最重要勤洗手，處理食物前要洗手，或是進
食前後，如廁後亦要洗手，出外後回家一定要洗手。
除了洗手外，亦都要保持社交距離。

Q 孕媽 Cherry：**戴口罩要注意甚麼呢？**

A 忻經理：戴口罩前首先要洗淨雙手，戴口罩前要分
好底面，口罩要蓋住口鼻。有一點最重要記住，
戴好口罩後千萬不要接觸口罩，因為口罩表面可
能會有細菌或污染物。

Q 孕媽 Cherry：**孕婦需要戴高效能的口罩嗎？**

A 忻經理：其實孕媽媽戴外科口罩已經足夠。為甚麼有
如此說法呢？

因為高效能口罩如 N95 有很多類型，如要選擇
合適類型要先做測試。如孕媽媽戴錯口罩，效
果或不如理想。

由於高效能口罩如 N95 比較侷促，可能會引致
呼吸困難。

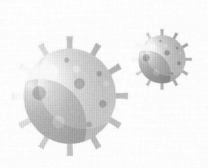

Q 孕媽 Cherry：**出入醫院會不會較易感染到呢？**

A 忻經理：現時醫院及診所都有分流制度，如任何人士去到醫院及診所都要探熱。另外會詢問有沒有外遊歷史。如果有 14 日內有外遊記錄，或接觸過感染人士，醫院及診所會有另外的處理方法，所以孕媽媽不需過於擔心。

孕媽媽做檢查時都要戴口罩及勤洗手，候診時最好保持合適的距離，看完醫生，離開診所前，都記得要洗手。

Q 孕媽 Cherry：**產前檢查的次數可減少嗎？**

A 忻經理：為了保持媽媽及寶寶的健康，產前檢查是非常重要的。

我們鼓勵孕媽媽按照預約日期去做檢查，萬一有不適或事故建議聯絡醫院及診所，以另行安排日子。

Q 孕媽 Cherry：**「走佬袋」要準備甚麼？**

A 忻經理：媽媽在執拾走佬袋的時候，除了要跟從每間醫院的要求外，我會建議她們準備口罩、搓手液，以及乾淨的衣服以便出院時換上。

Q 孕媽 Cherry：**老公可以陪產嗎？**

A 忻經理：每間醫院的政策都不相同，有些醫院可以陪產，有些則不可以陪產；如果丈夫沒有呼吸道感染，沒有外遊歷史，沒有接觸過感染人士，不少醫院則容許陪產。

Q 孕媽 Cherry：**如孕媽媽染病，仍可以餵哺母乳嗎？**

A 忻經理：媽媽仍可以餵哺母乳。在接觸 BB 之前，必須用肥皂和清水或用含酒精成份的搓手液潔手，餵奶期間，一定要佩戴外科口罩。或可以奶泵將母乳揼出來，請其他人餵哺 BB，揼奶過程，媽媽亦要佩戴外科口罩及注意手部的衛生。

Q 孕媽 Cherry：**如果孕婦感染到病毒的話，對自身及胎兒會有影響或危險嗎？**

A Dr Fong：孕婦免疫力較低，容易感染細菌及病毒，或會比普通人病情嚴重。懷孕時孕婦心臟及肺部負荷較大，若出現嚴重感染，孕婦或會缺氧。隨着懷孕周期增加，心肺負荷亦會上升，血氧含量有可能因此下跌。

未有明確證據顯示病毒可由母體直接感染胎兒。亦暫無醫學數據顯示孕婦染病會增加畸胎、小產或早產的風險。

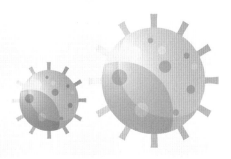

胎位不正
點糾正

專家顧問：梁巧儀 / 婦產科專科醫生、楊明霞 / 註冊中醫師

　　一般嬰兒在分娩時都是頭部先出來的，胎兒在孕後期應該自然轉成頭下腳上，但亦有例外，此現象稱為「胎位不正」，很多孕媽媽在後期發現胎位不正便會十分焦急，四出尋求中西醫的幫助，本文分述中西醫對胎位不正的治療方法。

西醫

婦產科專科醫生梁巧儀指，「正常胎位」稱作「頭位」，意指胎兒的臀部朝上，頭部朝下在盆腔。除了頭位以外的其他姿勢都屬於胎位不正。最常見胎位不正的情形為「臀位」，佔大約3至4%。此時，胎兒的臀部在下，頭部在上。除「臀位」外，胎位不正還有橫位、斜位、枕骨後位、顏面位與複合位等。

胎位不正的成因

胎兒因素

- 胎兒畸形：水腦症、無腦症
- 早產兒
- 多胞胎
- 臍帶過短

母體因素

- 羊水過多或過少
- 子宮畸形
- 子宮肌瘤、胎盤前置
- 經產婦腹壁鬆弛

「臀位」建議剖腹產

梁醫生稱，胎位不正的生產方法決定於孕媽媽的身體狀況、個人意願、胎兒大小、胎位正不正的種類等。並不是所有胎位不正的孕媽媽都需要剖腹分娩，只是因胎位不正而剖腹生產的比例仍然較高。

以臀位來說，現今的醫療環境及技術，多數會建議產婦選擇剖腹生產，因為如自然生產，難產的比例高。孕媽媽可以先考慮外轉術矯正胎位，增加自然產的機會。其他較如額位和顏面位等不常見的胎位不正，可能於生產時才被發現。若產程進展順利，仍有機會自然生產，如果產程太慢或停止，最終可能還是需要剖腹生產。

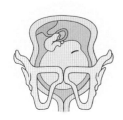

胎兒的正常胎位。

「臀位」胎兒的情況。

胎位不正外轉術

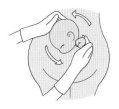

外轉術是以手矯正胎位。

外轉術的做法是醫護人員隔着肚皮，以手轉動胎兒的頭部以矯正胎位。外轉術一般建議在妊娠大約36至37周進行。進行前，醫生會先評估胎兒大小、子宮空間、羊水份量等，去衡量孕婦是否適合進行外轉術。進行途中，有機會需要使用放鬆子宮肌肉的藥物。在超聲波觀察下，醫生會用手在孕婦的肚皮上推按，慢慢將臀位轉成頭位。過程中有胎盤早期剝離、臍帶繞頸、破水、外轉術失敗等風險（約200分之1機會）。如引起這些併發症，孕婦便需要緊急剖腹生產。

「膝胸臥式」運動或可矯正

大部份的胎位不正，在懷孕後期（32周後）多數會轉為正常胎位。如後孕期胎位仍是不正，孕媽媽可以考慮練習「膝胸臥式」的動作，做法是將臉胸貼在地上、腹部離地、臀部抬高。這姿勢令胎兒臀部離開骨盆腔，讓胎兒產生顛倒的錯覺而嘗試轉向正常胎位。每天做2至3次，每次約停留5至10分鐘即可。要注意的是，孕媽媽應該避免於飯後進行此動作。

中醫

註冊中醫師楊明霞表示，在中醫文獻中，並沒有所謂胎位不正的病名。一般只將胎位不正稱為「倒產」、「橫產」或「偏產」，且認為主要源於母體的肝、脾或腎，病因與母體氣血失和、氣血虛弱、氣虛血滯、脾腎兩虛或肝脾不和有關。婦女以血為本，氣順血和則胎兒平安、生產順利；若氣血失和，甚至導致氣滯血瘀、子宮周遭血流受阻，則可能讓胎兒轉動不利，最終會因此而引起胎位不正。中醫治療的方法除了內服中藥外，還會以艾灸來調整胎位。

艾灸促進胎位糾正

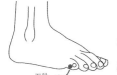

至陰

《本草正》曰：「艾葉能通十二經，善於溫中逐冷，行血之氣，氣中之滯。」點燃艾條熏於指定穴位，可幫助驅逐身體的寒、濕，並協助氣血通暢。應用於胎位不正，則是熏於至陰穴（位於雙腳的小趾頭旁）。刺激至陰穴能幫助氣血疏通，使胎位得以糾正。有研究證實，對至陰穴針

灸，能活躍腎上腺皮質系統，使腎上腺皮質激素分泌增多、子宮活動增強、胎兒活動加劇，進而有助於胎位的自轉，而達到糾正胎位的目的。

中醫對於胎位不正的治療，主要針對至陰穴進行艾灸，若有需要會再加上足三里、太溪穴與氣海穴。

內服中藥

一般孕媽媽會採用艾灸糾正胎位，除此之外，中醫師亦提出湯藥也是其中一種方法可嘗試糾正胎位。

川牛膝升麻肉蓯蓉湯

材料：

黨參 ....6 錢　　白朮 ....5 錢
川牛膝........5 錢　　制首烏........5 錢
升麻 ....3 錢　　肉蓯蓉........5 錢

做法： 將材料洗淨，加水煎服。

穴位按摩

穴位按摩有助疏通經絡、發揮保健或治療的目的，根據個人體質不同，中醫師推薦兩種體質不同的人可以按以下穴位，幫助糾正胎位。

氣血虛弱

治法： 益氣養血、安胎轉胎　　**處方：** 脾俞、足三里、腎俞、至陰
方義： 穴疏通經絡、調整陰陽的功能，灸之可調沖任，糾正胎位之效穴。

氣機鬱滯

治法： 理氣和血、安胎轉胎　　**處方：** 太沖、至陰、三陰交
方義： 遠取太沖疏肝理氣，三陰交健脾疏肝益腎，化瘀滯，理胞宮，至陰穴為糾正胎位之效穴。

早產
並非噩夢

專家顧問：奇寶 / 資深陪月員、譚靜婷 / 婦產科專科醫生

　　第一次生產的媽媽想必很緊張，但有時就算做好萬全準備，都有可能發生意料之外的事，BB 早產就是個無法預測，卻常見的生產意外，本文資深陪月和婦產科醫生分別講解照顧早產 BB 的注意事項，讓大家安心面對早產意外！

很多媽媽為了讓自己產後能好好休息，都會請陪月在產後一個月幫忙照顧自己和初生 BB，通常陪月服務在預產期前就約好，但 BB 早產實在是無法預測，資深陪月員奇寶就遇到過這個狀況，當時她知道僱主早產，但同時她有上一期的陪月工作仍未完結，就決定「兩邊走」，同時服務兩個媽媽，好讓早產的媽媽不至於太無助。

為了這個早產媽媽，奇寶決定取消本來計劃的旅行，甚至向當時正在服務的媽媽提出解決方案，希望可以早一個小時上班，就為了可以在現任家庭收工後，到早產媽媽的家，幫她催乳、煮晚飯和煲湯。由於早產 BB 當時仍然住院，所以她只照顧媽媽一人，到現任檔期完結才正式全天候照顧早產媽媽，早產媽媽每日都要到醫院探望寶寶，都會陪她一齊去，並確保媽媽有足夠衣物，以免着涼。

陪月員奇寶每天日程

9:00am	街市買餸
9:45am	到達僱主家
	確認媽媽和BB情況
	煲代茶、薑水、湯
	準備午餐
12:00pm	媽媽午餐
1:00pm	餵奶
	幫BB洗澡
3:00pm	清潔
	幫媽媽洗澡
5:00pm	餵奶

照顧重點

餵哺方面，奇寶說餵母乳可以增強免疫力，而且可以保護腸胃，容易吸收及消化，所以都會鼓勵媽媽盡量以全母乳餵哺早產 BB。如果實在不行，市面上亦有一些早產 BB 奶粉，能滿足早產 BB 發育器官、骨骼、神經等的營養素，幫助他們實現追趕上足月兒發育水平的期待。由於早產 BB 飲奶較慢，她說媽媽要給更加多的耐性餵哺，因為 BB 發育未全，很多時嘴巴還未夠力吸吮奶水，也較易感到疲倦。而餵奶粉時也要多加注意奶溫，用暖奶器保持溫暖。謹記早產 BB 非常容易嘔奶，60 毫升的奶水可能要分開 5-6 次餵及掃風，餵完奶安撫 BB 至睡着後才把他放到床上，媽媽要多加留意 BB 有沒有嘔奶。

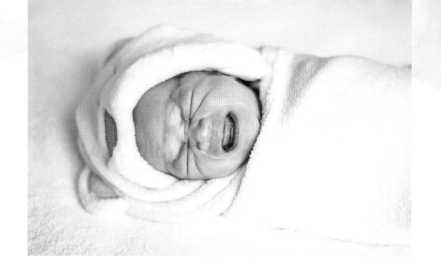

　　奇寶指出在日常照顧方面，也有需要留意的地方，平常要把 BB 放在視線範圍內，以好好看顧。尿片方面，需要使用早產 BB 專用尿片，而且要謹記包緊以防漏尿，因為早產 BB 體形較小，即使是早產 BB 尿片也可能會有鬆位。早產 BB 一般比較缺乏安全感，無故哭鬧的情況較多，媽媽要耐心多安撫，餵完奶安撫 BB 睡着後，最好用棉被包實 BB，增加其安全感。

　　早產 BB 脂肪較少，不需要每日洗澡，但其體溫較低，所以要注意房間維持恆溫，天氣較涼時可能需要開暖氣讓 BB 保持溫暖。由於早產 BB 抵抗力較弱，她說其入屋後都會徹底清潔雙手至手臂，換一套乾淨衫褲，最好佩戴口罩才開工。

陪月員對早產 BB 媽媽的話

　　陪月員奇寶說媽媽很多時都會感到自責，覺得是自己不小心或做錯甚麼令到 BB 早產，但客觀分析，早產成因很多，媽媽不應怪責自己。她說見到不少媽媽因此情緒比較低落，經常擔心 BB 健康問題或擔心 BB 養不大。但每個孩子的起跑線都不一樣，父母是孩子的領航員，每一棵小樹苗都可以成為一棵參天大樹，相信自己，相信孩子，了解早產兒獨特的照顧需要，透過學習照護活動，茁壯自己親職能力，盡量以母乳餵哺，給予早產 BB 最切合需要的營養。

Q&A

Q 早產 BB 會容易出現甚麼身體問題？

A 早產嬰兒的身體會出現甚麼毛病，跟他們有多早產有關。越早產的 BB，身體會越容易出現問題。早產 BB 因為肺部未必完全發育健全，所以出生時可能呼吸會有困難，需要用儀器及氧氣協助呼吸。孩子的腸道也不會像足月 BB 般完全成熟，因此會較容易出現壞死性結腸炎。而他們吸吮奶水的能力，也沒有足月 BB 那麼好，所以許多早產 BB 出生後在醫院都需要用喉管餵飼。早產孩子的皮膚沒有足月孩子那般成熟，因此他們抵抗細菌入侵的能力會較差。另外他們的皮膚不能鎖住身體熱力，所以早產孩子較容易出現低溫症，要注意保暖。

Q 何時才可把 BB 接回家照料？

A 只要 BB 能自行吃奶，無論母乳餵哺或使用奶樽餵哺，不需要再用胃喉餵飼；BB 也必須能自行保持體溫正常，不用在溫箱內照顧時，就可接回家照顧。

Q 如何才能追上足月兒的生長指標水平？

A 一般來說我們建議用母乳餵哺早產 BB。不過他們的身體較為細小，胃部也比較細小，所以一般來說，餵飼早產 BB 要比餵哺足月 BB 更為頻密。一般醫生會開鐵質及維他命補充劑予早產 BB 彌補不足。當然部份早產 BB 因為腸道不完全成熟，未能吸收充足的養份，就可能需要在醫院，用儀器將營養液直接打入血管。

Q 容易溢奶怎麼辦？

A 這是因為早產 BB 食道和胃部發展未完全成熟，容易出現倒流，這個可以靠少吃多餐解決。當然如果情況未有改善就要考慮見醫生，找出是否有牛奶敏感導致溢奶。

荷爾蒙

孕期會增多

專家顧問：奇寶 / 資深陪月員、譚靜婷 / 婦產科專科醫生

「女性懷孕期間，不論是身體還是情緒，都受着荷爾蒙波動的影響產生變化。」這樣的句子，相信對懷孕中的你毫不陌生。但孕媽媽又有否細想過，荷爾蒙到底是甚麼呢？為甚麼會令身體產生變化？對孕婦而言，荷爾蒙有甚麼重要性？本文就請來婦產科專科醫生為孕媽媽剖析荷爾蒙在孕期是如何發揮作用吧！

荷爾蒙是甚麼？

荷爾蒙是從不同身體器官中分泌出來的一種化學物質，會透過血液循環輸送至另一個身體器官。由於荷爾蒙可控制及調節其他身體器官的運作、促進新陳代謝，以及維持人體的生態平衡，荷爾蒙對人體而言是必不可少的。女性懷孕後，為了提供理想的環境予胎兒成長，以及讓胎兒可在子宮停留一段合適的時間，荷爾蒙會隨着懷孕周數作出適當的調節，讓胎兒可健康成長。因此，女性的荷爾蒙分泌量在懷孕期間會有所提升。

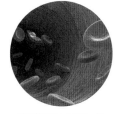

荷爾蒙隨着血液循環，從一個器官輸送至另一個。

自然產生的荷爾蒙

在懷孕初期，胎兒着床後，胎盤會釋出一種名為「人類絨毛膜促性腺激素 (HCG)」的荷爾蒙，以身體變化發出告知女性懷孕的信號，同時為身體作調節以適應懷孕，亦促使卵巢分泌雌激素和孕酮等激素，以阻止卵巢繼續排卵，亦促進子宮內膜的生長，讓胎兒有較好的發展空間。到了懷孕 10 至 12 周時，卵巢毋須再分泌激素予胎兒生長，因為胎盤已長成為一個獨立的內分泌器官，可以自行分泌出胎兒需要的荷爾蒙，以及會令媽媽身體發生變化的荷爾蒙。

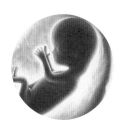

女性在懷孕期間會大量分泌荷爾蒙，以製造合適的環境供胎兒成長。

荷爾蒙可抑止卵巢繼續排卵

懷孕期間增多的荷爾蒙

懷孕除了令身體產生以前沒有的荷爾蒙外，一些女性本已有的荷爾蒙，其濃度會隨不同的懷孕周數增高。婦產科專科醫生黃慧儀提出了以下四種會因女性懷孕而增多的荷爾蒙。

1. 雌激素： 可令胎盤及子宮生長，給予胎兒足夠的生長空間。對於胎兒發育亦十分重要，尤其是胎兒的肺、肝及腎等器官。此外，雌激素亦有助刺激乳房腺體的增生及發育，不僅會令孕媽媽的乳房逐步脹大，亦讓乳房準備分泌乳汁。

雌激素幫助胎兒發育肺、肝和腎等器官。

2. 孕酮 / 黃體酮：在懷孕初期，孕酮會刺激子宮內膜去轉變內部環境，令胚胎的着床更穩定。到了懷孕後期，孕酮則可放鬆肌肉及子宮，避免子宮時常收縮而導致早產。另外，孕酮亦起調節孕媽媽的免疫系統之效，除了減低孕媽媽受感染的風險外，亦防止其身體對胎兒產生排斥反應，否則就有機會導致早產或流產。

3. 催產素：在接近孕媽媽臨盆的日子時，腦下垂體會分泌催產素，令子宮開始收縮，加快產婦的生產過程。

4. 催乳激素：產婦生產過後，身體會產生催乳激素，令乳頭分泌更多乳汁，幫助產婦上奶哺乳。

催乳激素令乳房分泌更多乳汁，讓媽媽哺乳。

對身體影響

隨着雌激素及黃體酮在懷孕初期的突然激增，身體因一時未能接受這個突變，孕媽媽容易出現噁心、孕吐、頭暈、勞累等初期妊娠不適。此外，這兩種荷爾蒙亦會令孕媽媽覺得乳房及腹部脹悶。再者，由於黃體酮會令肌肉鬆弛，亦變相減低腸道蠕動的速度，容易令孕媽媽便秘。

對情緒影響

在懷孕的首三個月，雌激素及黃體酮的增多會造成孕媽媽身體上的不適，而根據傳統，這時並未適宜對外公佈懷孕，所以不期然會對孕媽媽造成一定壓力，使她們情緒變得波動。由於胎盤是懷孕期間分泌荷爾蒙的主要器官，當媽媽完成生產取出胎盤後，雌激素及黃體酮的水平就會劇降。事實上，腦部一些神經傳導物亦是受荷爾蒙主導，當荷

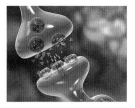

媽媽生產後，荷爾蒙水平急降，令腦部神經傳導物受影響，或令媽媽患上產後抑鬱。

爾蒙量急劇改變後，媽媽就難以控制自己的情緒，嚴重者會演變成產後抑鬱，這時就要藥物輔助以管理媽媽的情緒。

分泌異常揭示懷孕問題

荷爾蒙的改變雖令孕媽媽產生不適感覺，另一方面卻對維持胎兒健康有重要作用。此外，荷爾蒙分泌異常的話，也可以反映出一些懷孕異常。

1. 胎兒發育異常

在懷孕初期，若醫生發現孕媽媽有出血現象，甚或在照超聲波時，發現胎兒生長情況有隱憂時，醫生就會為孕婦抽血，檢查 HCG 和黃體酮的水平。如果兩種荷爾蒙的水平沒有攀升，而是停止上升甚至有所回落的話，可能揭示胎兒發育本身出現了問題，例如是宮外孕或胎兒忽然終止了發育。

如果胎兒本身出現了問題，因而停止生長的話，並沒有任何處理方法，只能為該孕媽媽清理子宮。如果發現是宮外孕的話，則要為該孕媽媽進行手術。有部份孕媽媽有流血現象，胎兒生長卻未有出現問題的話，則可能只是體內的黃體酮水平未如理想。此時醫生會給予孕媽媽口服的黃體酮，目的是令其黃體酮水平回升，以支持胎盤生長，以及減少孕媽媽出血。

2. 妊娠糖尿病

胎盤產生的荷爾蒙，會令孕媽媽身體大量製造糖份，而一些孕媽媽身體調節糖份的能力較差，就容易造成妊娠糖尿病。所以醫生會建議孕媽媽在孕期第六、七個月時，接受葡萄糖耐量測試，檢查有否患上妊娠糖尿病。妊娠糖尿病或會造成巨嬰，增加媽媽生產時的難度，甚至造成 BB 的永久創傷或媽媽的產道受傷。另一方面，血糖高又可能會令胎兒過小，一些孕媽媽則可能會胎水過多。由於胎兒在媽媽肚裏時，習慣吸收大量血糖，所以有些 BB 出生後，只靠喝奶的話，血糖水平會偏低，或需吊葡萄糖水。

透過抽血，醫生可了解孕媽媽的荷爾蒙水平，從而檢視胎兒的發育狀況。

荷爾蒙令孕媽媽的身體製造大量糖份，因此不少人於懷孕期間會患上妊娠糖尿病。

孕媽易貧血
需及早補鉄

專家顧問：陳安怡 / 婦產科專科醫生

　　在懷孕期間，孕媽需要輸送大量的養份給胎兒，因此鐵質的流失會迅速加快，容易出現貧血症狀。同時，為了應對分娩時的失血情況，孕媽需要及早補充身體的鐵質。對孕媽來説，鐵質是非常重要的攝入元素，今本文醫生為大家講解及早預防孕期的貧血與補充鐵質。

孕前產後易貧血

婦產科專科醫生陳安怡表示，其實任何人都有機會患有貧血問題，而懷孕媽媽和在 15 至 49 歲生育年齡、行經中的女士更容易患有缺鐵性貧血。人體內的紅血球主要成份是由鐵組成，因此缺鐵性貧血可分為因為吸收不足和消耗過量的鐵質而引起。行經中的女士，由於先天的生理構造是負責繁殖下一代，所以每月子宮會為懷孕作準備而充血，準備養份給胎兒着床。當沒有懷孕時，每月便會有一定份量的血液和鐵質流失。而已懷孕的媽媽為了運送更加多的養份給胎兒，以及預備分娩時失血的情況而增加紅血球的製造，所以需要大量的鐵質。

孕媽貧血徵狀

根據 2016 年的全球數據，15 至 49 歲的生育年齡婦女中，約有 32% 的非懷孕婦女和 40% 的懷孕婦女患有貧血。輕度的貧血大部份都沒有徵狀，其他較為常見的徵狀包括疲倦、頭暈、容易氣喘、心悸、面色蒼白、體力變差等。因此初期輕度貧血患者，是較難提早發覺得到，一般常見是當進行產前檢查的時候，醫生為孕媽媽安排產前抽血檢驗而發現的。

眼簾檢查貧血

陳安怡醫生表示，其實自我檢查貧血情況，各位孕媽在家中也可以做到的：站在鏡子前，翻開眼睛的下眼簾，觀察一下眼簾的顏色，如果是蒼白而沒有血色的話，便有可能患有貧血，這種情況建議諮詢醫生並作進一步的檢查。醫生的診斷方法主要是抽血檢驗血色素測試。如確診貧血，有時候會再作額外的抽血作血清蛋白測試及傳鐵蛋白飽和度測試，以確認是否患缺鐵性貧血。

貧血指數界定

年齡	指數
15歲及以上非懷孕婦女	少於120克/升
懷孕婦女	少於110克/升

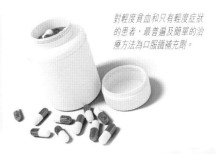

對輕度貧血和只有輕度症狀的患者，最普遍及簡單的治療方法為口服鐵補充劑。

口服鐵補充劑治療貧血

首先要找出缺鐵的原因，例如留意飲食是否足夠、腸胃內有沒有出血等。當找出原因後，便需要補充身體流失的血液和鐵質，醫生會根據貧血的程度和患者的徵狀採用不同方案：

對輕度貧血和只有輕度症狀的患者，最普遍及簡單的治療方法為口服鐵補充劑。雖然對於嚴重貧血和嚴重症狀患者也有效，但通常口服鐵補充劑需要幾個星期的時間才能令血色素回升，所以，有時候會先輸血或輸鐵劑幫助患者的血色素即時回升到一個比較安全的水平，減輕貧血的症狀，然後再繼續服用口服鐵補充劑。

輕度的貧血大部份都沒有徵狀，其他較為常見的徵狀包括疲倦、頭暈、容易氣喘、心悸、面色蒼白、體力變差等。

均衡飲食預防貧血

大多數的缺鐵性貧血是可透過均衡且多樣化的飲食，和適量進食含豐富鐵質的食物來預防的。含豐富鐵質的食物包括瘦肉、海產、蛋、黃豆及其製品、新鮮水果和深綠色葉菜、乾豆和堅果。亦要留意如何充分吸收鐵質，有些飲料和食物會妨礙或減少鐵質吸收，例如茶、咖啡和紅酒中的單寧酸，或牛奶和芝士等高鈣的食物或鈣片。

口服鐵補充劑有副作用嗎？

口服鐵補充劑一般會有不同程度的腸胃副作用，例如便秘或腹瀉，建議選擇一些較少副作用和較方便服用的鐵補充劑，患者若忍受不了這些副作用或覺得不方便而放棄繼續服用，會得不到合適的治療效果，從而導致貧血問題持續。

而嚴重貧血患者通常都需要服用較高劑量的鐵補充劑，但即使是服用較少副作用的鐵補充劑，由於劑量高，仍可能出現不能忍受的副作用，建議患者先與醫生溝通，切勿自行停服，醫生以先以較低劑量開始治療或調校服用的次數，務求先達到短期治療目標。

最後，當確認了導致缺鐵性貧血的病因，患者必須根據醫生的建議同時作出相應的治療，避免復發的機會。

糖尿高危

多囊卵巢綜合症

專家顧問：香港中文大學醫學院

　　當月經周期間中不正常時，很多女性都會不以為意，在計劃生育時才正視問題去看醫生，結果卻發現不是想像中的小問題，有些婦科疾病並不會帶來即時明顯的症狀，例如疼痛，故容易被人忽略，「多囊卵巢綜合症」就是其中一種。

不孕或是患上了多囊卵巢症

多囊卵巢綜合症屬於內分泌失調的婦科疾病，處於生育年齡的婦女最常發現的疾病之一。不少婦女也是因為開始計劃生育找醫生診斷，才發現自己患病。然而，其實不少症狀在女性發育時期便已可察覺，例如月經紊亂或排卵失調，只是症狀不嚴重時，患者通常選擇忽略。

患者多有雄性激素高的情況，會出現多毛和容易長暗瘡等痤瘡的問題。在超聲波掃描下，患者的卵巢中佈滿微小的囊腫。

糖尿病高危

多囊卵巢症患者要在未來作好嚴格控制體重和定期身體檢查，雖然肥胖和多囊卵巢症無直接關係，但肥胖人士患上其他婦科疾病和出現新陳代謝異常的風險較高。

患者普遍在 10 年後體重都有顯著增加，意味着患者較一般人容易肥胖，導致較高機會患上高血壓、高血脂或葡萄糖失耐症，當中約有五分之一會演變成糖尿病患者。中大醫學院最新研究發現，患有多囊卵巢綜合症的華人女性，患上二型糖尿病的風險比一般人士高 4 倍，而且可能在較年輕時發病。

中大醫學院內科及藥物治療學系內分泌及糖尿科主任馬青雲教授提醒，多囊卵巢綜合症患者須定期進行俗稱「飲糖水測試」的口服葡萄糖耐量測試，以監察患上糖尿病的風險，建議一至兩年，甚至每年都要作檢查。但是要留意的是，這個檢查是需要自費進行，患者要自行斟酌預算。除此之外，定期檢測血壓、血脂和葡萄糖都有助患者管理健康狀況，調整作息和飲食習慣，以減低日後罹患糖尿病及心血管疾病的風險。

中大醫學院最新研究發現，患有多囊卵巢綜合症的華人女性患上二型糖尿病的風險比非患病人士高 4 倍。

Q&A

Case1　陳女士：易患糖尿病

　　沒有家族病歷史，懷孕發現自己患上多囊卵巢症，醫生提出她易患上糖尿病後，開始戒口，飲食盡量少糖，終在 09 年驗到血糖指數過高，患上糖尿病。陳女士指糖尿控制良好，最大的影響只是肥胖。

醫生提醒

肥胖雖然和多囊卵巢症無直接關係，但肥胖導致病人容易患上其他婦科疾病，新陳代謝異常的風險也較大。

Case2　黃女士：卵巢刺穿手術成功懷孕

　　因難以懷孕以食排卵丸增加懷孕機會，但食到 5 粒排卵丸都仍沒成果，於是進行卵巢刺穿手術，9個月後成功懷孕。懷孕時飲食健康，也有做運動的習慣，故沒有發現健康問題。但生產後稍為放任，期後發現患上糖尿，現時已控制得當，生活上沒有太大的困擾。

醫生提醒

其實難以懷孕未必是不孕，可能是身體排卵出現問題，要先處理才有機會成孕。通常第一線方式會安排患者進食口服排卵丸，如無效果，第二線醫生建議再做檢查，檢驗有否其他導致不孕原因，例如輸卵管阻塞，沒有的話可以嘗試卵巢刺穿手術，減低雄激素，個案中黃女士之所以能成功受孕，就是手術後身體能自行排卵成孕。

計劃懷孕應注意

　　患有多囊卵巢症同時有糖尿病是不適合懷孕的，小產機率很高。不少期望懷孕的患者都有肥胖問題，所以最好在懷孕前先減肥，否則妊娠性糖尿的機率很高。

純天然草本植物配方

SPLEEN & STOMACH 脾胃

橘子膏=提脾陽膏

香港製造·信心之選

用法：
取適量膏置於掌心，繞著肚臍順時針打圈圈（腹瀉使用逆時針），
揉搓至膏體完全吸收，最後把膏抹在脾胃經上用食指和拇指來回搓。
日常保養建議一天使用2-4次，如脾陽虛、寒、濕、膩，脾胃運化
較弱時，要配合薑精油使用，建議每兩個小時使用3次，直至症狀
緩解。

理念：堅持對自然規律法則的尊重，把源於大自然的芳香療法有效結合中醫養生理念。
原則：創造專業純天然芳香產品，讓每個家庭減少濫用抗生素。
品質：研發團隊親自實地考察，嚴選優質材料。產品由 GMP 及 ISO 資質認證監製。
口號：純天然芳香產品，每個家庭都值得擁有。

燁香港生物科技有限公司
MA CHANNEL BIOLOGICAL TECHNOLOGY (HK) LIMITED

香港九龍旺角西洋菜南街5號好望角大廈16樓3室
Flat 3, 16 Floor, Good Hope Building, No. 5 Sai Yeung Choi Street S, Kowloon.

電話：852-37053412

EUGENE baby　EUGENE baby
荷花親子門店　全線有售　荷花親子網店 .COM 有售

www.aromachannel.com

飲糖水測試
妊娠糖尿

專家顧問：劉詠恩 / 內分泌及糖尿科專科醫生

　　「飲糖水」是令大肚婆聞風喪膽的三個字。「飲糖水」是指血糖測試，是檢查孕婦是否患有妊娠糖尿的重要手段。一旦確診妊娠糖尿，接踵而來的不單是嚴格的飲食餐單，還有每天「篤手指」驗血的苦惱。對於妊娠糖尿，大家了解多少？

可於孕期任何階段出現

內分泌及糖尿科專科醫生劉詠恩表示，妊娠糖尿可以出現在孕期任何階段，需要視乎孕婦的身體狀況。懷孕時，女性身體會分泌更多的荷爾蒙，從而降低了胰島素的敏感度，導致血糖容易偏高。一般，肥胖、家族成員（例如父母、兄弟姊妹）有糖尿病病史、孕前已患有多囊卵巢症的女性，懷孕期間患上妊娠糖尿的風險會較高。而孕期不良的飲食習慣亦會增加妊娠糖尿的風險。即使本身沒有肥胖問題的孕婦，若懷孕期間進食過於豐富，攝取高糖、高脂肪和高澱粉質，都有可能引致妊娠糖尿。

飲糖水檢查

醫生一般會在懷孕 24 至 26 周為孕婦安排血糖測試，即「飲糖水測試」，主要透過抽血進行血液檢查，效果較為準確。首先醫生會為孕婦測量空腹狀況下的血糖，然後飲用 75 克的葡萄糖水，待 2 小時候檢測血糖上升了多少，並檢查是否患有妊娠糖尿。若是肥胖、高齡產婦等妊娠糖尿高危一族，或在產檢時檢測出小便中含有超量的糖份和蛋白，醫生會提前安排檢查。

飲糖水測試的正常數值參考

（單位：mmol/L）

抽血時間	正常血糖值範圍
空腹時	<5.1
飲糖水後1小時	<10
飲糖水後2小時	<8.5

在家自測

一般孕婦在家自測血糖比較困難，但如果自備血糖測試機，在家中亦可以透過「篤手指」自行驗血測試。若空腹時血糖大於 5.3mmol/L、餐後血糖大於 6.7mmol/L，血糖便呈現偏高狀態，需要諮詢醫生，並作正式的飲糖水測試，以判斷是否患上妊娠糖尿。

警惕胎兒體形偏大

劉醫生表示，大部份血糖偏高的孕婦都不會出現症狀，但在產檢做超聲波時，若婦產科醫生發現胎兒的體型比懷孕周期的正常值偏大，便會懷疑孕婦有患上妊娠糖尿的機會。由於孕婦的血糖升高，會導致供給胎兒的糖份增加，讓胎兒出現體形偏大的情況。因此每次產檢均需要留意孕婦的小便含糖量，

若自備血糖測試機，孕婦亦可以在家中透過「篤手指」自行驗血測試。

若過高的話便需要安排飲糖水測試，以檢查確認是否患上妊娠糖尿。

孕婦胎兒影響大

若女性在孕期患有妊娠糖尿，容易出現早產的情況，並且順產難度大，多採用剖腹生產；同時亦容易出現妊娠毒血症、生下畸胎，甚至胎死腹中的情況。若寶寶順利出生，寶寶容易出現低血糖、低血鈣的情況，黃疸也會增加。無論是媽媽還是寶寶，日後均有大機會患上二型糖尿。因此，劉醫生建議媽媽在產後 6 周進行一次飲糖水測試，並作出相應的調整，切勿在產後便忽略自己的身體狀況。

預防與改善

劉醫生表示，孕婦可以透過均衡的飲食習慣和適當的運動，以預防和改善妊娠糖尿的情況。

1. 飲食

✔ 部份孕婦在空腹狀態下的血糖未必高，但餐後血糖會快速升高，因此在飲食習慣上需要作出調整和控制。

✔ 孕婦注意每餐不要吃太飽，建議少食多餐，在正餐之間可以食用少量的小食。

✔ 多吃蔬菜，減少攝入能讓血糖升高的澱粉質。

✔ 食物以清淡為主，例如清淡的蔬菜和肉類，而烹調方法要注意少油少汁，例如高卡路里的咖喱汁等應避免。

- 避免進食過多的甜品和糖水，這些糖份較高的食物會增加血糖，偶爾進食即可。
- 患有妊娠糖尿的孕婦，建議與營養師見面，並制訂合適的餐單，飲食健康的同時亦需要保證足夠的營養供應。

2. 適當運動

- 多進行散步和柔軟體操的活動有助於降低孕婦血糖。
- 運動的種類和強度視乎產婦自己的體質。有些孕前經常運動的孕婦，孕期亦會堅持有一定強度的運動，例如游泳和瑜伽等。孕婦可以和婦科醫生商量和配合，就自己的體質進行選擇。
- 注意控制體重，以降低妊娠糖尿的風險。一般亞洲人的 BMI 低於 23 則為正常，超過 23 便屬於超重情況，因此孕婦應將 BMI 控制在 23 以內。

胰島素與口服血糖藥

　　若在控制飲食的情況下，血糖依然偏高，醫生便會考慮對孕婦用藥治療，主要透過胰島素控制血糖。胰島素分短效和長效，需要視乎孕婦的血糖情況處方適當的胰島素。近年來有研究顯示，治療中加入口服糖尿藥幫助妊娠糖尿，但效果未必好，同時有機會影響胎兒。因此在妊娠糖尿初期可考慮使用，但主要還是採用胰島素控制。

短效與長效胰島素的使用

血糖情況	何時注射	注射胰島素類型
空腹血糖高	睡前注射	長效胰島素
餐後血糖高	餐前注射	短效胰島素

部份情況嚴重的孕婦，需要一天注射4次，分別在三餐前分別注射1次短效胰島素，另加一次長效胰島素方能控制血糖。

懷孕後期
衣‧住‧行

專家顧問：蘇振康 / 婦產科專科醫生

　　在懷孕後期，孕婦腹大便便，身體出現較多變化，可能會感到不適，或行動不便。有何方法可助孕婦更好地過渡這個時期呢？本文婦產科專科醫生在衣、住、行三方面提供一些生活建議。

衣 婦產科專科醫生蘇振康表示，在了解孕婦宜穿甚麼衣物之前，須先明白孕婦懷孕後期的特徵——較易出汗、燥熱，另外，肩部、腰部、背部、下腹、雙腳容易出現痠痛，腿部出現水腫等。所以選擇合適的衣物是很重要。

衣物要透氣有彈性

孕婦於懷孕後期穿的衣物要有彈性，切忌太緊身，要方便更換，避免選擇緊身、箍着肚子、不透氣、彈性不佳的款式。故許多孕婦裝是 H 字型或 A 字型設計。最為建議棉質衣料，因為棉質透氣、吸汗、散熱佳，不會太局促。

有些孕婦對能否穿着褲子有疑問。其實，懷孕時當然是可以穿褲子的，亦有專為孕婦設計的 leggings 或牛仔布料的褲。孕婦應選擇橡筋褲頭的款式，或其他比較有彈性、透氣的衣料。同樣道理，內衣亦建議選購棉質衣料，內褲方面更講求布料柔軟有彈性，能延展至腹部而不易變鬆。另外，孕婦的私密處分泌會較多，亦會較易出汗，容易滋生細菌，造成痕癢不適。所以內褲還要清洗乾淨、定期更換，因為用洗衣機洗內褲亦未必完全乾淨，大約每 3 個月更換一批新的內褲更佳。

哺乳胸圍可預早戴

一般女性懷孕到哺乳時，罩杯會上升兩個罩杯尺碼，繼續穿普通的有鋼圈胸圍，會出現壓胸、「箍肉」等不美觀、不舒服的狀況，既影響血液循環，又會壓迫乳腺導致堵塞。所以孕婦可預早購入 1 至 2 個哺乳胸圍，提早使用能讓孕婦早些適應之餘亦可增加舒適感，到將來餵哺母乳時，會更為方便。孕婦選購時，有數點須注意：

① 要透氣、柔軟又帶有彈性；
② 要無鋼圈，或軟鋼圈設計，有承托力，足以支撐變大的乳房；
③ 尺寸不要剛剛好，建議一開始買的時候可選取大 1 至 2 個罩杯，免得要常常換新；
④ 要有供放防溢乳墊的特別設計，因為乳房有時會有母乳滲漏出來，而乳墊亦可提供足夠的保護予乳頭，以免乳頭受損，影響將來餵哺母乳。

穿運動鞋更為適合

鞋子方面，有數個貼士可給孕婦。首先，孕婦容易出汗，懷孕後期雙腳會因有水腫而變大，鞋子的質料要軟身、舒適和透氣。另外，還要有防滑的設計。其次，盡量避免綁鞋帶鞋子，因為在懷孕後期，有個大肚子頂着，經常彎低身實在很困難，若穿着不用綁帶的圓頭鞋，或是有魔術貼的鞋，便方便多了。

孕婦買鞋時不用特意買得太大、太闊，若穿不慣，反而會容易絆倒。懷孕後期，腰背痠痛的關係，不宜穿高跟鞋，孕婦亦容易失去重心而跌倒。事實上，如果腳有水腫，亦難以穿高跟鞋。拖鞋亦不適合孕婦穿着，因為容易脫落，防滑性亦差，走在濕滑路上會有滑倒的危險。總的來說，運動鞋是很不錯的選擇。

 蘇醫生認為，因為懷孕後期的婦女行動開始不便，較容易失去平衡、受碰撞、受傷，大家大可把她們當作是長者和小孩般呵護，加上要為產後生活作準備，所以一些生活上的小貼士不可缺少。

防滑防絆

防滑防絆極為重要，過往曾有孕婦上落浴缸時滑倒，有些人撞到肚子了，有些人手腳受傷了，有些人甚至磕到頭了。所以浴室、廚房要有防滑地墊、防滑貼，浴缸或企缸則可加裝扶手。

家具的尖角如枱角、牆角和櫃邊要用保護墊包裹好。經常使用的物品不要放得太高或太低，以防孕婦上上落落時失足的危險性。如果家中有電線拖板，孕婦要格外小心，以免絆跤，因為孕婦挺着大肚子，或許會看不到地上的拖板和電線。

家居環境要盡可能保持空氣流通，寧靜舒適。

毋須綁帶的圓頭鞋較適合懷孕後期的婦女穿着。

小心上落

若所住的樓宇沒有升降機，孕婦上落需緊握扶手，盡量靠邊行。有些人擔心微波爐有輻射，其實，只要使用恰當，輻射不會外洩。若真的擔心，可找他人幫忙，或在微波爐運作期間盡量遠離

微波爐。若家中養有貓或狗，孕婦應找家人處理牠們的排泄物，或戴手套和口罩，並穿上防護裝備後去處理，以減低受感染的機率。

向左側睡

睡覺方面，懷孕後期的孕婦應向左側睡，孕婦平躺時子宮會壓着下腹主靜脈，阻礙下肢血液回流心臟。血壓驟降，孕婦會感到暈眩、噁心、冒冷汗、四肢無力等，及時轉向左側睡或坐起來有助紓緩以上症狀。

然而，孕婦一直向左躺臥，有時背肌和腰骨會很辛苦，這時孕婦可選用輔助工具如枕頭、墊子、咕𠱸、月亮枕、捲起的棉被或毛氈等墊着腰背後方，以減低腰椎壓力。孕婦間中轉向右側躺臥亦可，但左側躺臥仍是最佳選擇。

孕婦行樓梯時需盡量靠邊行，並握扶手。

行 蘇醫生提醒，孕婦為了預防在公共場所受到感染，需時刻注意個人衛生，緊記要戴口罩和洗手，要常備酒精搓手液，以便在缺乏洗手設施時，隨時為雙手進行消毒。孕婦更要避免直接以未清潔的手去擦拭鼻、眼和口。蘇醫生相信，經過疫情的洗禮後，想必大家都訓練有素。

堅持個人衛生

孕婦在街外進食時，千萬別貪方便地拉低口罩便進食，吃完再把口罩戴回原位，這樣做雙手隨時受口罩上的病菌污染。大家需不厭其煩，要堅持先清潔雙手，後除口罩，然後清潔雙手，接着開始進食，吃完再潔手，之後才戴回口罩。

安全帶不箍肚

坐車時，若座位上有安全帶裝置，孕婦便須扣上。安全帶上有橫帶和斜帶兩部份，注意橫帶部份應調低至兩臀骨位置，即肚子之下及大腿骨之上，再將橫帶緊貼盆骨，千萬別箍上腹部子宮位置。斜帶部份應橫越兩邊乳房中間及腹部之上，再調校至舒適不貼頸為止。

孕後期胸脹大
防產後乳腺炎

專家顧問：陳愷怡 / 外科專科醫生

　　所有媽媽都想給寶寶最好的，而母乳便是其中之一。母乳是寶寶的天然食糧，充滿生命力的母乳會因應寶寶的不同時期生長需要，製造和調配合適的成份，給予寶寶全面的營養。但是，餵哺母乳的媽媽是有機會患上乳腺炎，那麼應該如何識別和預防發生乳腺炎？由外科專科醫生為大家一一講解。

甚麼是乳腺炎？

外科專科醫生陳愷怡稱，乳腺炎是因乳腺管閉塞，而引致乳房周圍的組織發炎，若有細菌侵入乳腺組織，可以引致感染化膿。如果媽媽發現乳房紅腫疼痛，出現硬塊，並全身發熱發燒，這些都有可能是乳腺炎的徵兆，需盡快求醫。

懷孕後期乳房腫脹

當孕媽進入懷孕後期，會發現胸部周圍的血管變得更清晰，乳暈的顏色變深，而且乳房亦有點脹大，這些改變均預示着乳房正在為產後的哺乳作準備。這是由於身體供應的血液增加，導致血管變大，同時分佈在乳房周圍的乳腺管和乳腺組織也開始增大引起。產後乳房會開始分泌乳汁，並且奶量會逐漸增加，媽媽需要注意將乳房內的乳汁排出，避免造成淤積，引起乳腺炎。

乳腺炎徵狀

乳腺炎的徵狀包括以下幾個：

- 碰觸乳房時會刺痛或發熱
- 乳房腫脹或有硬塊
- 哺乳時感到疼痛或燒灼感；或是持續感到疼痛或有燒灼感
- 皮膚發紅
- 發燒達攝氏 38.3 度以上
- 感到不適，或全身無力

為何患上乳腺炎？

陳醫生表示，患上乳腺炎的成因常見有乳腺阻塞和細菌感染：

① 乳腺阻塞：當乳腺不通，乳汁流通不順，便會引起乳腺炎。

② 細菌感染：臨床上發現造成乳腺炎的細菌，主要為金黃葡萄球菌。金黃葡萄球菌常存在於居家環境中、皮膚和寶寶嘴巴。細菌可從乳房皮膚破裂、破皮處入侵，如果此時又未將乳汁充分擠出，淤積在乳房內的乳汁變成了細菌最佳成長的溫床，最終便會導致乳腺發炎、乳汁化膿。

患乳腺炎後不能再餵母乳？

很多人認為媽媽患乳腺炎後不適宜繼續餵哺母乳，但陳醫生表示，患有乳腺炎的媽媽應該繼續餵哺母乳。乳腺炎多由乳管阻塞引起，初期是沒有細菌感染的，而繼續餵哺母乳，讓乳汁流通，是治療乳腺炎的重要方法。相反，如果停止餵哺，反而會增加乳汁淤塞的機會，讓細菌感染引發炎症，甚至形成膿瘡。

陳醫生強調，無論是何種情況，媽媽一旦懷疑自己患有乳腺炎，都應該盡早求診和諮詢醫生意見。

紓緩乳房脹痛

乳腺炎引發乳房脹痛，不適難受，媽媽應該如何緩解？一般較嚴重的情況，即乳房紅腫硬塊不退或持續發燒，醫生會安排乳房超聲波以排除膿瘡，亦會處方抗生素以控制感染。如有膿瘡，便要安排抽膿手術。至於在日常生活中，陳醫生提供了以下幾點建議，幫助紓緩和改善情況：

- 不要穿太緊或有鐵線的胸圍
- 繼續讓寶寶吸吮乳房，就算有發炎或細菌感染，只要按時服藥，細菌是不會經母乳傳給寶寶，而醫生處方的抗生素也不會對寶寶產生嚴重副作用
- 餵哺前可用暖毛巾敷乳房，令乳腺管擴張
- 餵哺後可以用冰過的椰菜或毛巾來敷乳房，有助於紓緩脹痛
- 按摩乳房，以紓緩乳房腫脹並幫助母乳排出
- 可以服用適用於授乳媽媽的止痛藥，具體需諮詢醫生意見
- 諮詢母乳顧問，學習適當的餵哺母乳方法

乳腺炎預防與護理

預防乳腺堵塞的關鍵在於避免乳汁淤積，防止乳頭損傷，並保持乳頭清潔。哺乳後應及時清洗乳頭，加強孕期衛生保健；亦要用適當的餵哺方法，令乳汁容易排出及減低因寶寶吸吮乳頭而產生的乳頭破裂。如有乳汁淤積，可以按摩或用吸奶器排盡乳汁，同時應注意寶寶的口腔衛生。

專家顧問：黃德敏 / 外科專科醫生

第三個乳房？
副乳大解密

懷孕期間，腋下竟然生出了新的乳房？想必孕媽一定覺得非常礙眼。原來，這是一種被稱為「副乳」的東西。那麼副乳是怎麼產生的呢？有甚麼辦法可以去除？又是否會影響孕媽的健康？

副乳從何而來？

當胚胎只有約 4 星期大的時候，胎兒從腋下到腹股溝會隆起一條線，稱為「奶線」，左右各一。一般的情況下，在胚胎成長的過程中，這條奶線會逐漸消退，唯獨剩下胸前左右位置保留了隆起的組織，從而成為一對乳房。但是，如果發育異常，或者奶線未有完全消退的話，殘留下來便會形成副乳。

在懷孕和哺乳期間，除了乳房因脹奶而「二次發育」之外，副乳（紅圈）也容易隨之脹大。

出現副乳可以是家族遺傳，但大多數患者都是突發性，即沒有基因遺傳，並找不到原因。副乳多數出現在兩邊腋下，男、女都有機會有副乳。副乳會以不同的形式出現，例如同時有乳腺、乳暈和乳頭；有乳腺組織但沒有乳頭；沒有乳腺組織但有乳頭和乳暈；只有乳頭或只有乳暈。

懷孕中期易顯露

副乳多數長在腋下，平常不容易看出來，但是在懷孕和哺乳期間，除了乳房因脹奶而「二次發育」之外，副乳也容易隨之脹大，讓很多孕媽憂心忡忡。這是由於孕婦體內雌激素和催乳素增加，所有乳腺都會隨之腫脹起來，副乳當然也不會例外，因此出現副乳的情況在懷孕和哺乳期間會比較明顯。懷孕中期乳房脹大的情況一般比較明顯，因此副乳亦多從中期開始顯露。孕期的副乳生長是正常的生理反應，並沒有特別的藥物和方法可以阻止其脹大，亦不適宜用外力按壓它們，這容易增加不適。一般到了產後，乳線會逐漸縮回去，但亦有部份女性的副乳沒有縮回，致使其仍然保持外露，影響觀感。

手術切除

有研究指出，大約 6% 的孕婦會出現副乳的情況。部份患有副乳的孕婦都沒有症狀。當然，大部份副乳都不會對健康造成影響。假若症狀輕微或不太明顯，通常只需要定時觀察，不用治療。

但是，如果副乳的情況比較嚴重，特別是副乳越來越大，在影響外觀之餘，更伴隨不尋常的情況出現，例如發炎、流出分泌

物、出現硬塊等，患者便應該諮詢醫生意見，或考慮透過手術切除。手術除了一般開刀移除的方式之外，也可以用抽脂的形式，將乳房組織和脂肪一併移除。

副乳亦會患病

其實，副乳也要面對一般乳房要面對的問題，包括周期性不適、腫痛、水囊、纖維瘤、纖維化增生和乳癌。所以，有副乳問題的女士在進行乳房檢查時，亦要注意副乳有沒有發生特殊的情況。當醫生為患者做乳房造影或超聲波時，也會同時留意副乳的位置，檢查有沒有特別的變化。

乳腺癌需注意

如果患有乳腺癌的病人同時有副乳，醫生會在手術前詳細檢查乳房和副乳的位置，然後根據病人的實際狀況和意願，決定要進行全乳房切除還是局部乳房切除手術。如果選擇前者，那麼乳房和副乳所有的乳腺組織都會被切除；如果選擇局部切除腫瘤，就會留下大部份的乳房組織和副乳部份。在手術後進行電療時，範圍會包括副乳的位置，當然也可以選擇手術同時切除副乳。

副乳患者多檢查

雖然副乳對健康沒有影響，但跟乳房一樣，都有機會患上乳癌。醫生一般會建議有副乳的女士多做自我檢查，定時做乳房造影或超聲波檢查，那麼即使乳房或副乳出現早期惡性疾病時，也可以盡早進行治療，以免耽誤病情。

肥胖令副乳更明顯

肥胖會令副乳的脂肪比例高，讓副乳更明顯。雖然運動不可以完全去除副乳，但在副乳脂肪比例高的情況下，運動可以降低其明顯的情況。

產後若想改善副乳鬆弛的情況，可以做以下 3 個簡易的運動，每個動作做 10 下。注意不要太急或太用力，慢慢完成。

改善副乳鬆弛運動

1.
雙手伸直，從前面往上舉起，與身體形成直線。

2.
雙手伸直，往兩邊舉起，與身體形成 90 度角。

3.
雙手往前舉起，然後往內彎曲。

做好準備
高齡產婦無壓力

專家顧問：靳嘉仁 / 婦產科專科醫生

　　隨着本港職業女性的增加，高齡產婦的比例也在不斷上升，但高齡產婦面臨的生育風險又比適齡產婦多，令女性的生育意願與事業發展之間矛盾重重。作為高齡產婦，除了認識可能出現的健康問題，做好萬全的準備，也是可以生出健康肥 B 的。本文婦產科醫生為大家講解高齡產婦該如何迎接懷孕與生產吧！

幾歲算高齡產婦？

到底幾歲才算是高齡產婦？國際上各有不同觀點。婦產科醫生靳嘉仁表示，根據國際婦產科聯盟（FIGO）的定義，女性最適合懷孕生子的年齡介於 25 至 30 歲之間，若生產年齡超過 35 歲，便屬於高齡產婦。而國際文獻指出，與適齡產婦相比，高齡產婦會面臨的孕期危機相對較多，包括：

- 年齡越大、早期流產機率越高，增加胎兒異常的機會
- 孕期併發症較多
- 早產、胎死腹中機率高

孕期有何風險？

初期流產風險大

靳醫生表示，孕婦的年齡越大，其懷孕早期出現流產的機率會越高。隨着年齡增長，女性染色體與卵子的品質會隨之下降，流產的機會亦會增加。從統計數據上看，35 至 39 歲的流產率為 1 至 4%，但 44 歲以上則可高達 51%。此外，胎兒異常的風險亦會增加，例如與適齡婦女相比，高齡產婦懷上唐氏綜合症胎兒的機率會較高。

中期併發症較多

年齡是慢性病的大敵。由於孕期身體荷爾蒙會產生巨大的變化，而年齡越大的孕婦，在懷孕荷爾蒙的影響下，患上妊娠高血壓、妊娠糖尿病與其他併發症的機率也會相對較高。

後期有早產風險

隨着年齡漸長，高齡產婦的體質與子宮環境健康，與年輕孕婦相比會稍差，不利於胎兒生長。若加上妊娠中出現併發症或慢性病，便容易導致胎兒早產，或流產的危險。

孕前準備可避風險

為了降低高齡產婦所面臨的生育風險，靳醫生建議，孕婦應考慮在懷孕前做一個全面性的健康檢查，主要檢查是否有血壓高、糖尿病及婦科問題。如果確定沒有問題，只要在妊娠期配合檢查，並且做好保護措施，其實與一般孕婦無異。若是孕前檢查發現有健康問題，建議先做適當治療，控制好病情後，才準備受孕。

定期產檢掌握健康情況

產婦懷孕後，需要定期赴醫院進行產前檢查，保證身體健康狀況，以及盡早發現潛藏的問題，及時處理：

每次產檢：會檢查體重、血型及尿蛋白。

懷孕第 10 周：可選擇是否進行「非侵入性胎兒染色體檢測」的檢查，這是一種對母體進行靜脈抽血的檢測，透過檢測可了解胎兒是否患有染色體缺陷。

懷孕第 18 至 24 周：可以做高層次超聲波檢測，檢查胎兒的結構是否有出現異常。

懷孕第 24 至 28 周：會對孕婦進行血糖檢查，看是否有妊娠糖尿。若發現患有妊娠糖尿，孕婦平時便要控制飲食，將血糖調整回正常，避免胎兒出現體形過大、胎位不正，以及孕婦羊水過多及提早破水等問題。

監測體重

靳醫生提醒，孕婦需要經常注意自己的體重，可以透過監測身高體重指數，即 BMI 值簡單了解體重情況。

BMI 值 = 體重（公斤）/ 身高 2（米 2）

一般 BMI 值在 18.5 至 24 為正常的情況。孕婦在懷孕期間會在正常 BMI 值的基礎上再合理增重 12 至 15 公斤。

均衡飲食

除了控制體重，還要注意飲食均衡。若孕婦常有孕吐反應，可以採取「少吃多餐」的方式進行營養攝取，同時亦要適量補充葉酸，葉酸可提供重要營養，並避免胎兒異常。孕婦可從懷孕初期開始補充葉酸，直到懷孕第 12 周改為補充維他命，其間鐵和鈣的補充也相當重要，不可忽略。孕期需要多攝入蔬菜及水果，以攝取膳食纖維，以免產生便秘的問題。素食者為了保證營養均衡，建議應改為攝入牛奶及雞蛋，並適量補充維他命 B12，此為肉類所能補充之營養。

戒斷不良習慣

平時若有喝咖啡習慣的孕婦，在懷孕期間應盡量避免。而吸煙和飲酒更要盡可能避免，它們均有機會導致胎兒智商較低、體重較輕的情況。

剖腹產或自然分娩

隨着女性工作壓力越來越大，已婚婦女連生小孩的時間都沒有，近年來高齡產婦有增長的趨勢。有醫院的統計數字顯示，近年來 35 歲以上高齡產婦增加的比例高達 15 至 30%，而分娩婦女的剖腹產比例也從 10 年前的 25% 上升至如今的 30 至 40%。

分娩婦女選擇剖宮產的比例遠遠高於世衛組織建議的 25% 剖腹產率，造成剖腹產人數增多的原因，既有孕婦及家人主觀上認識的誤區，也有孕婦身體素質制約等客觀原因，而其中高齡產婦的增加是其中一個原因。

不過靳醫生表示，高齡產婦不一定要選擇剖腹產，只是高齡產婦中的高危產婦相對較多，這類產婦只能選擇剖腹產。其實只要胎兒體重、孕婦的骨盆大小、子宮收縮強度都正常，高齡產婦亦可以自然分娩。有的高齡產婦因為年紀大，盆骨韌帶肌肉柔軟度不夠，會造成產程比較長，但即使如此也不一定需要剖腹產，只要妊娠期間多運動，不要將胎兒養得太大，加上其他條件的配合，高齡產婦一樣可以自然分娩。

產前抑鬱
6 個問與答

專家顧問：葉妙妍 / 臨床心理學家

　　孕媽媽在孕期間不但面臨身體上的轉變，心理上也會出現壓力，以及受到荷爾蒙的影響，導致有產前抑鬱的現象，本文臨床心理學家解釋甚麼是產前抑鬱以及改善的建議，讓各位孕媽媽了解多點抑鬱症，亦要關心自己的心理健康。

Q&A

Q 如何知道自己有產前抑鬱？

A 要視乎有沒有持續出現以下的徵狀，例如經常哭、情緒低落、易感到憂慮、容易煩躁及發脾氣，可能會失眠或食慾不振，都會對喜愛的事情失去興趣、提不起勁的情況，病患者也會容易感到疲憊、反應緩慢或坐立不安，不想與別人接觸的情況。

認知方面，患者會較難集中精神，或出現記憶力差的情況，腦海中常會浮現負面思想，例如內疚、覺得自己一無是處、將來無希望，甚至傷害自己的念頭，如果有以上持續的徵狀都有機會患上產前抑鬱。

患者會自行感覺到有以上情況出現，或者身邊的人會由從其行為及情緒觀察到產前抑鬱的徵狀。

Q 為甚麼我會有產前抑鬱？

A 首先是由於荷爾蒙的變化，在懷孕期間，孕婦體內的雌激素及黃體素都會產生很大的變化，會對心理生影響。

第二，孕媽媽在懷孕期出現不適的情況，例如孕吐、容易疲倦、頭暈、腰痛、關節痛、抽筋、失眠、便秘，或者長痔瘡，甚至有妊娠病如妊娠糖尿病，不適對孕媽媽帶來困擾。第三，她們在懷孕期間會經常要擔心胎兒的發展是否正常、擔心分娩會否順利、將來的照顧安排，或是工作及財政安排。

第四與人際關係有關，如婚姻本身存在問題，與家人相處的分歧，家人對胎兒性別的期望也會對孕婦造成心理壓力，如果曾經經歷流產或情緒病的孕媽媽，會容易有產前抑鬱。

ⓠ 患產前抑鬱對我及寶寶會有甚麼影響？

ⓐ 身心互相影響的，因此患產前抑鬱會影響胎兒成長及發育，情緒不穩會導致血管收縮或者血流量減少，從而影響到胎兒的血流量及吸收養份的情況。情緒差也會令食慾及睡眠變差，身體狀況因而出現問題，導致孕婦流產及早產的機會更高。即使寶寶出世後，體重也可能會較輕，頭圍較小。

如果孕媽媽有產前抑鬱，分娩時候或需接受硬膜外麻醉，進行無痛分娩或剖腹手術的機會較高，要使用儀器去輔助生產的機會也較高。另外出生嬰兒也有大機會要接受深切治療。以上事項發生在患有產前抑鬱的孕婦身上，比起沒有患產前抑鬱的孕婦會高出兩倍多，所以兩者分別也有明顯的。

ⓠ 如何改善產前抑鬱？

ⓐ 面對身體及身份上的轉變，很多準媽媽可能未能作出適應，而出現焦慮憂心的情緒。要去排解她們過度的憂慮及負面的想法，需多些休息，增強個人支援網絡，做一些身心鬆弛的活動去減壓，孕媽媽也可嘗試一些帶來樂趣及成就感的活動，從而去改善情緒及自信心。與家人若有相處的問題，可能需要尋求婚姻的輔導。

如果情況嚴重，或有需要藥物的治療，醫生會開出對胎兒影響較少的藥物。

Q 患過產前抑鬱後，我會更容易患有產後抑鬱嗎？

A 根據中文大學醫學院的研究顯示，有 7 成的女士在患過產前抑鬱後，會再度患有產後抑鬱。

如果在懷孕前曾患有情緒病，則會較容易患有產前及產後抑鬱；如果之前懷胎曾經有產前或產後抑鬱，再度懷孕後患產前或產後抑鬱的機會則較高。

如果家族的近親患有過抑鬱症的話，女士也較容易在生產前後出現抑鬱症。

Q 如何預防患上產前抑鬱？

A 首先要計劃生育，如果孕媽媽是意外懷孕，壓力會相當大，因此要在經濟及住屋方面及早做好安排，不要在懷孕期間才做，否則會對身心造成更大的負荷。孕媽媽亦可考慮參與產前課程，了解多點懷孕期的身心變化、生產過程、產後護理及育嬰知識，作好心理準備。另外在懷孕期間，孕媽媽避免作出過大的生活轉變，包括搬家及轉換工作，因為她們有可能會無法在一時之間適應。而且孕媽媽要有均衡健康的飲食習慣，不要吸煙飲酒，亦可以做一些產前運動，包括瑜伽、游泳或散步，可控制體重之餘，也能調節情緒。放鬆身心的活動如聽歌、與朋友聚會或打扮也是改善心情的方式。最重要的是家人的支持，尤其是老公也要抽多點時間去理解孕婦的問題，主動去關心太太，如幫忙做家務，陪伴她們去做產前檢查或產前講座，從中認識其他孕媽媽，保持聯絡以尋求同路人的意見及支援。

孕期恐慌症
忽然好驚

專家顧問：甄梓竣博士 / 臨床心理學家

　　孕婦們懷胎 10 月，要同時面對身份轉變和生理的不適，很容易便會出現情緒問題。在孕期情緒病中，產前抑鬱大家或許聽得多，但恐慌症大家又聽過嗎？本文會從原因、症狀、治療方法等方面，拆解這個經常被大眾忽略的恐慌症。

恐懼害怕的感覺

臨床心理學家甄梓竣表示，恐慌症（Panic Disorder）是焦慮症的一種，患者未必有特定的恐懼對象。恐慌症發作時會有突如其來的恐懼感，症狀有胸口痛及不適、心跳加速、頭暈、臉紅耳熱、冒汗、胃痛、作嘔、顫抖、麻痹、刺痛、有窒息感、感覺不真實，劇烈的不適讓患者覺得自己失去了控制，彷彿快要死去。

恐慌症的發作時間可以預測，有時也可以無法預測，例如有些患者每次準備出門時都會有莫名其妙的恐懼感，但有些患者可能會吃飯時忽然恐慌來襲。這讓他們隨時都擔心自己會再次有這種強烈的恐懼感，當他們越害怕面對這種感覺，他們的恐慌時間便越會延長，導致他們平日也會擔心自己是不是身體出問題，或是因害怕恐慌症發作而迴避某些場合，例如不想出門、上學、出席聚會等，嚴重影響日常生活。

情緒影響胎兒

孕婦面對各種生理的不適，加上身份的轉變、對於未來照顧寶寶的擔憂等，使她們很容易會有壓力及情緒。而荷爾蒙也是影響孕婦情緒很重要的因素，生理因素加上環境因素，原無情緒病的孕婦也有機會因荷爾蒙影響而患上恐慌症。若本身就有恐慌症病史，或是懷上一胎時都有恐慌症，孕期內便會有更高機會復發。

恐慌症以及其他情緒病者需得到適切的治療，因為一般焦慮及壓力其實已足以影響胎兒，當壓力荷爾蒙（皮質醇）上升時，可能會形成子宮動脈血流阻力，阻礙供給胎兒營養的血液流動，足以影響胎兒腦部發展。

恐慌症和恐懼症、抑鬱症有何不同？

恐慌症和恐懼症（Phobia）同樣是焦慮症的一種，不同的是後者有特定的恐懼對象，例如社交恐懼症、畏高症等。而抑鬱症（Depressive disorder）的症狀則較為慢性，比如會長期都感到不開心、沒動力、疲累、無法集中精神，嚴重的話更會有自殺的想法。

感受恐懼的感覺

　　甄博士指，在心理輔導中，心理學家常用暴露療法（Exposure Therapy）為患者治療。在過程中，恐慌感會被觸發，並鼓勵患者感受這種恐懼。患者需要在不同階段為這種恐懼的強度評分，嘗試覺察自己的身體正在經歷甚麼，還有恐懼感會否下降。這個療法主要是希望患者容許自己在一定時間感受和接納不適感後，才採取紓緩方法。

　　很多孕婦恐慌發作時，都會因為強烈的不適而想避開這種感覺，並即時找方法紓緩。但其實這樣便即是不接納自己有這種不適的感覺，不相信自己有承受這種感覺的能力，這是一種對自己的否定。因此，孕婦應認清恐慌感是「來得快去得快」，並嘗試與這種感覺共存，同時嘗試接納有這種感覺的自己。

糾正認知繆誤

　　另一種療法是在心理輔導中常用的認知行為治療（Cognitive Behavioural Therapy，簡稱 CBT），這種療法涉及較多有關思想的部份，例如患者有甚麼認知謬誤或災難化的想法。像是患者總認為恐慌症的不適會引致死亡，但事實並非如此；或是一些患者只會投放注意力在不好的事情上，自動過濾了好的事。認知行為治療主要糾正這類想法，從思想上改善恐慌症。

學習靜觀

　　甄博士表示，除了心理治療，運用靜觀技巧也可改善恐慌症。靜觀（Mindfulness）首先是要覺察這一刻的感覺，如自我與周遭環境的關係、五官的狀態、心跳及呼吸的情況等。如果現在感到心跳加速、呼吸急促，也不建議特地去紓緩，反而應感受、了解自己的狀態，如何與當下產生連繫。靜觀可以在任何情況下進行，休息、做家務，甚至運動時也可以，最重要是不要讓自己的思緒飄遠，應集中在當下一刻，真真正正的「活在當下」，因此甄博士認為平常練習靜觀，也對孕婦調整自己的情緒有很大幫助。

靜觀對調整孕婦情緒有莫大幫助。

136

家人應有同理心

　　很多人都對恐慌症不了解，認為患者是過於「蛇瘟」症狀只是膽小懦弱的反應，如此不支持的態度，只會加重患者的病情。若孕婦患上恐慌症，家人應陪伴她們感受不適，嘗試體會她們的感受，用行為告訴她們，其實是可以容許自己感受到不適，同時應多聆聽她們的情緒及焦慮，千萬不要否定她們的感受。

家人應以同理心照顧患上恐慌症的孕婦，多陪伴，少怪責。

用藥會影響胎兒

　　恐慌症病情嚴重的患者可能會使用一些抗焦慮藥，而最常用的是苯二氮平類（Benzodiazepines，簡稱 BZD）。BZD 只是一種暫時紓緩策略，很快見效，但相對也很容易產生依賴。這種依賴大多不只是心理上的，生理上也會有戒斷症狀，例如會顫抖、出汗、頭痛等，在孕期中服用 BZD 更會影響胎兒生長。如在懷孕第 1 周期時服用，會增加寶寶患上先天畸形、兔唇、中樞神經及泌尿道問題的風險，因此甄博士建議婦女在孕前應先慢慢戒服 BZD。

走佬袋
產前要執定

即將生產的你，除了要收拾心情待產外，還要開始準備入院的必需品，走佬袋是你的好幫手，究竟如何走佬袋？讓陪月員教教你。

先把物品分門別類

要收拾好走佬袋，當然不是準備一個大袋，把相關東西一般腦兒放進去那麼簡單，因為東西散亂，在醫院時很容易會出現明明準備了，但卻找不到的情況，因此做好準備功夫也是十分重要。首先孕媽媽要了解自己分娩的醫院會提供哪些東西，有哪類東西不用預備，剖腹的媽媽惡露較少，可以準備少一點產婦衛生巾，相反便要準備更多。最後把不同的物品按必要性及使用的頻繁度分門別類，有哪些甫入院便需要，有哪些可托家人帶過來，只要好好收拾，便會令整個住院過程更為順利。

編輯推介

（一）一般物品

- 現金／信用卡 —— 住院時需要使用，記得帶備少量現金作不時之需
- 覆診卡及記錄卡
- 驗血報告
- 筆記本
- 手提電話

（二）孕婦物品

- 替換衣物 —— 不宜選擇太貼身的款色，以舒服為主
- 毛巾 —— 臉巾和浴巾各一
- 拖鞋
- 洗浴清潔用品
- 產婦衞生巾
- 網褲— 可配合衞生巾使用，若 6-7 條
- 哺乳胸圍— 產前產後都可使用
- 束腹帶—剖腹的媽媽使用有助傷口癒合
- 水泡枕—自然分娩的媽媽用作舒緩傷口痛楚
- 乾性洗髮劑—清潔同時減少沾水的機會
- 披肩—保暖之用
- 零食—以備不時之需

（三）BB 物品

- 初生 BB 尿片
- 嬰兒濕紙巾
- 紗巾
- 嬰兒包巾
- 嬰兒用衣物
- 嬰兒用毛巾

陪伴孩子成長
每天輕鬆出行
Stay comfy and travel easy.

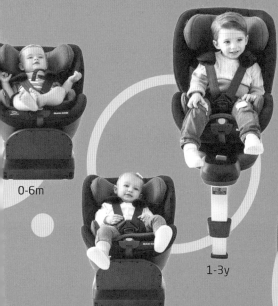

0-6m

6-12m

1-3y

3-6y

6-7y

7-12y

初生到約12歲適用

360度底座轉動，方便上落車

Isofix 安裝及支撐腳架

四段斜度調較

MAXI·COSI®

Spinel 360 旋轉汽車座椅
Spinel 360 Car Seat

We carry the future

Part 2

產後攻略

經歷十個月懷胎之旅，終於產下 BB，以為一切懷孕擔憂事可鬆口氣？沒錯，但隨之而來產後事也一點不輕鬆，如產後身體復原、精神健康、餵母乳等問題，都要一一面對，本章會為你逐一講述。

剖腹產後
疤痕點處理？

專家顧問：劉肇基 / 整形外科專科醫生

很多孕婦因為種種不同的原因，而採用剖腹生產。產後無可避免於腹部留有一道疤痕，要把它徹底消滅，是沒有可能的事。然而產婦可以透過疤痕修復手術或非手術治療，以改善疤痕的問題。

剖腹生產成趨勢

整形外科專科醫生劉肇基表示，剖腹生產近年來越來越受世界各地孕婦歡迎，根據世界衛生組織 2021 年 6 月在《BMJ》發表的最新研究，當中指出採取剖腹生產的人數正逐步增加。全世界有 21% 的孕婦透過剖腹生產的方式分娩。在中國、香港、日本、韓國及蒙古等地方，採用剖腹生產的孕婦的人數更加多，這些地方共有 44% 的孕婦採用了剖腹生產。

現時採用剖腹生產的孕婦越來越多，所以產後出現疤痕是無法避免。

劣質疤痕特徵

隨着剖腹生產手術越來越普遍，很多女性都需要面對着手術後疤痕不佳的問題。不良的疤痕可能由多種因素造成，在大多數情況下，其實與負責剖腹生產的外科醫生的技術無關。但是，有一些方法可以避免不良疤痕或改善此類疤痕。劣質的疤痕可能具有以下特徵：

- 凸起
- 凹陷
- 寬
- 泛紅或色素沉着

- 疤痕可能有痕癢，甚至疼痛等症狀
- 在嚴重的情況下，疤痕可能會繼續生長和增大，形成蟹足腫疤痕，令婦女產生很多擔憂和不適。

自癒能力弱

相對白種人，亞洲人的疤痕自癒能力比較弱，疤痕亦會較為明顯，如有先天家族遺傳，容易出現異常疤痕。若有瘢瘤性疤痕（keloid）和增生性疤痕（hypertrophic scar）的話，剖腹生產留下疤痕而長出肉芽的機會亦會相對較高。至於後天的因素，如做手術時醫生選擇的縫線和針法，都會影響未來疤痕的效果。此外，如果傷口曾感染或曾遇上癒合的困難，疤痕的外觀一定有所影響。

不同疤痕不同治療

醫生會根據不同類型的疤痕，為婦女設定最合適的治療方案。外科醫生會與患者討論她希望改善疤痕的哪些方面，如疤痕的顏色、質地、硬度、高度或位置。

1. 增生性疤痕

某些種族和個人體質對創傷後疤痕有更明顯的反應。這可能為手術或受傷後凸起的紅色的疤痕，疤痕有更大機會出現痕癢。雖然症狀一般會慢慢好轉，但歷時可達一至兩年或更長時間。使用類固醇乳膏、類固醇注射或激光，可能有助於促進疤痕成熟並減輕症狀。

2. 寬闊或萎縮性疤痕

傷口縫合過後，身體會在傷口裏埋下新的骨膠原，形成疤痕。傷口癒合過程中，疤痕受到外界的張力拉伸，可能導致疤痕變寬或變薄（萎縮）。根據疤痕周圍皮膚張力的狀況，醫生有機會建議婦女採用手術切除或使用自體脂肪移植，來改善疤痕的外觀。

3. 蟹足腫疤痕（瘢瘤性疤痕）

蟹足腫疤痕的定義，是病人身上的疤痕已超出原來疤痕的邊界範圍。有蟹足腫疤痕性皮膚的人會深深體會到看着它不受控制生長的無奈。部份蟹足腫疤痕的患者有明顯的家族史，但大都成因不明，症狀可包括痕癢、疼痛或在嚴重的情況下，反覆受細菌感染。治療方案包括病灶內類固醇注射、縮減手術、放療或以上所有方法的組合，藉以減少復發的機會。

疤痕修復手術

最令人煩惱的情況，可能婦女需要進行修復疤痕手術藉以改善。在疤痕修復過程中，外科醫生會去除疤痕難看或最嚴重的部份，並使用適當尺寸的縫線精心修復，令疤痕變線狀，Z形整形術等整形手術技術可能有助於進一步把疤痕隱藏起來。

產後宜盡快治療疤痕，效果較理想。

非手術治療

一般來說，複雜性的疤痕都有機會用上激光治療，但較少使用激光為單一治療方案。點陣式激光可令疤痕組織排列更整齊，加上類固醇注射可以有相輔相成的作用。要注意的是如一起使用有機會令疤痕急速扁平，甚至變成萎縮性疤痕。血管型激光有助減退疤痕的泛紅，改善外觀。其他的疤痕護理，如持續按摩，使用疤痕矽膠片治療，也有助控制不漂亮與帶症狀的疤痕。

越早接受治療效果越好

劉醫生表示，剖腹生產手術後，謹記要小心護理傷口，同時要準時拆線，這是預防疤痕惡化的第一步。拆線後待傷口癒合，可以開始使用疤痕貼，另一方面，亦要密切自我觀察疤痕的變化，當見到疤痕開始長出肉芽時，就要盡快求醫。肉芽初起的話，局部打類固醇針亦有幫助，但若肉芽面積太大的話，這就必須要動手術才可以處理了。

疤痕改善手術本身亦是一次手術，會產生疤痕，換言之若患者有蟹足腫性體質，翻發機會達 80至 90%！有見及此，一般手術後都會視乎情況，配合不同的療程，例如局部注射類固醇，甚至配合電療，才能達至理想效果。

醫生會了解每位產婦的情況，為她們設計適合的治療方法。

一併進行手術

曾進行剖腹產子的媽媽，若希望再懷孕的話，很多時建議再次採用剖腹生產，然而這亦意味着每次生產都會多一條疤痕。對於容易先天性疤痕增生的產婦來說，這個是從新整理疤痕的機會，有些產婦會選擇在剖腹生產第二胎的時候，同時找整形外科醫生一併進行手術，改善上一胎時留下的疤痕，更可以避免進行多一次的手術。

產後大量出血

嚴重可致死亡

專家顧問：蘇振康 / 產科專科醫生

　　產後大量出血於醫學上稱為 Postpartum Haemorrhage，簡稱為 PPH，屬於產科急症，可以分為原發性和繼發性。產後大量出血的後果可以非常嚴重，甚至會導致產婦死亡。

醫生會藉着產前檢查找出高危的孕婦。

注意流血量

明德國際醫院婦產科專科醫生蘇振康表示，嬰兒出生至胎盤出來的階段稱為第 3 產程。這時子宮會慢慢收縮，胎盤從子宮壁上剝落時便會流血。當胎盤繼續剝落，累積的血塊面積越來越大，之後整個胎盤便會排出媽咪體外。此時，正常的流血量不會太多，應少於 500 毫升。當媽咪生產嬰兒後 24 小時內大量出血，可稱之為原發性大量出血或早期大量出血。另外，於產後 24 小時至 12 星期內出現大量出血，稱之為繼發性、晚期或延遲性大量出血。

何謂產後大量出血？

於世界各地都有不同定義，最典型的定義是，陰道分娩後失血量多於 500 毫升，或剖腹生產後失血量多於 1,000 毫升。蘇醫生解釋，有時候醫生於臨床上會難以準確估計媽咪的失血量，原因有很多，例如血會與羊水混合後排出，或被床單被褥吸收。因此，在 2017 年美國婦產科學會對於產後大量出血下了最新的定義，不論媽咪採用哪種方式生產，於產後 24 小時內累積失血量多過 1,000 毫升，或出現血溶量不足的病徵，便屬於產後大量出血。蘇醫生指出，當媽咪於產後失血量多於 500 毫升，便要提高警覺。

媽咪如感到不適，應該盡快求診，及早解決問題。

大量出血 4 個「T」

導致媽咪出現產後大量出血的原因，蘇醫生説主要有 4 個「T」：

Tone（子宮收縮乏力）：孕婦懷有體形較大的嬰兒、羊水過多、多胞胎、胎盤前置或剝落、子宮肌瘤等情況，也有機會出現子宮收縮乏力的問題。

Tissue（胎盤組織殘留在子宮內）：第 3 產程時胎盤組織緊緊的黏在子宮壁上，導致部份胎盤組織殘留於子宮內。

Trauma（產道創傷）：可以是於剖腹手術或陰道分娩時造成。陰道分娩時，整個產道由外陰、會陰傷口、陰道、子宮頸至子宮本體，都有機會出現一處或多處創傷而大量流血。另外，剖腹生產期間也可造成創傷，例如子宮肌肉層撕裂等，也會造成大量流血。

Thrombin（凝血功能障礙）：某些疾病使身體的凝血功能失效，不能止血，便會出現大量出血的情況，當中的原因可分為先天和後天。先天方面可以是遺傳的，媽咪缺乏某種凝血因子，導致未能止血；後天方面，媽咪因其他疾病導致急性凝血失效，例如先兆子癇（俗稱妊娠毒血症），嚴重時會出現 HELLP（即溶血、肝功能失調、血小板過低）綜合症，導致凝血功能障礙。而其他疾病包括羊水栓塞、胎盤剝落或媽咪服用薄血藥物都可導致血液難以凝固。

產前檢查尋找高危者

　　既已知道導致產後大量出血的原因，便要找出高危孕婦，及早做準備，以減低風險。產前檢查能夠協助醫生辨識哪些孕婦屬於高風險類型，以便作好記錄，提高警覺及提醒護士、助產士及其他相關醫護人員做足準備。醫生會先了解孕婦的病歷，看看她們以前曾否出現產後大量出血的情況。此外孕婦是否懷有雙胞胎、甚至多胞胎；胎兒是否體重較高，如重逾 4 千克；羊水是否過多；孕婦是否患有子宮肌瘤而影響子宮收縮；孕婦是否患有先兆子癇或逾期懷孕周數達至 41 周以上等，也有機會增加產後大量出血的風險。

　　至於孕婦於作動待產時，醫生也有機會找到高危因素。倘若第 1、2 產程需時太長，或於第 2 產程進展欠佳而需要使用如真空吸引術或產鉗等輔助工具生產，都會增加產後大量出血的機會。

媽咪提高警覺

　　當媽咪出現大量出血時，會出現以下徵狀，若有這些情況時，媽咪必須注意：

- 如果是正常的產後出血，媽咪通常不會感到不適，但若是遇上產後大量出血，媽咪的心跳會加快。
- 如流血量越來越多，媽咪的血壓會下降，血液中氧氣飽和度下降、呼吸急促。
- 媽咪會感到很疲倦，精神狀態差。
- 皮膚蒼白、面色青白。
- 小便量少，甚至沒有小便。
- 情況惡化時會出現休克。
- 嚴重可致昏迷，甚至死亡。

出現產後大量流血的媽咪，會感到疲倦。

3 個治療階段

當媽咪出現產後大量出血時，醫生的治療原則是希望盡早為媽咪治療，及早止血，盡最大能力保留媽咪的子宮，治療方案主要分為 3 個階段：

第 1 階段： 當醫生意識到該名媽咪屬於高危人士時，其流血量多於 500 毫升時，便會盡快為她診斷，進行治療程序。首先會為媽咪補充生理鹽水和電解質營養液，穩定血壓和心跳；之後會為媽咪抽血進行檢查，觀察其凝血因子、血色素是否正常，再為其配血及輸血，緊密監察維生指標，找出導致大量出血的原因及流失血來源。

第 2 階段： 醫生會因應不同的產後出血原因，運用適合的治療方法，例如子宮收縮乏力時，醫生便會透過靜脈注射、肌肉層注射或肛門塞劑促進子宮收縮，亦會用靜脈注射以止血藥止血。

如用藥無效、懷疑胎盤組織殘留在子宮內或產道有嚴重創傷和撕裂時，醫生便會於手術室內為媽咪進行入侵性治療，會為媽咪修補傷口之餘，可能會採用不同的導管或血管結紮手術止血。

第 3 階段： 倘若依然無效，媽咪流血不止、生命有危險時，醫生便會決定把子宮整個切除。由於此乃大型手術，必須由經驗豐富的醫生做決定和進行。

積極處理第 3 產程

要預防產後大量出血，最重要的是積極處理第 3 產程，這才能夠大大減低產後大量出血的機會：

當嬰兒出世後，胎盤排出時，使用催產素，例如採用子宮收縮藥來幫助子宮收縮。在情況受控下由醫生或助產士進行臍帶牽引，主動把胎盤取出來，而不是單靠媽咪自身慢慢用力把胎盤排擠出來，當胎盤被取出來後，醫生或助產士進行子宮按摩，幫助子宮收縮，以減低出現大量流血的機會。

復發機會 10-20%

當媽咪曾經歷產後大量出血，之後若再懷孕，便有 10 至 20% 機會再次出現產後大量出血，但主要取決於根本原因，例如第一次懷孕時，是因為胎盤早期剝落而出現產後大量出血，於第二次懷孕時，也有機會因相同原因而出現產後大量出血。因此，為了減低風險，最重要的是及早診斷和治療。

EUGENE baby.COM 荷花網店

🔍 一網購盡母嬰環球好物！🛒

mall.eugenebaby.com

Tiny Love · fehn · picci
MAXI·COSI · Inglesina

即刻入嚟睇睇

🚚 **免費送貨*/自取#**

💲⭐ **至抵每月折扣/回贈**

🛒 **BUY**

*消費滿指定金額，即可享全單免運費
#所有訂單均可免費門市自取

產後子宮收縮
不正常怎辦？

專家顧問：陳耀敏 / 婦產科專科醫生

經過漫長的妊娠過程，隨着胎兒長大，子宮亦會逐漸脹大，當寶寶出生後，子宮便會慢慢收縮。倘若產婦察覺子宮收縮的過程出現不正常，血流量增多，便應立即求診，醫生會使用藥物或手術方式協助解決問題。

懷孕過程子宮脹大

婦產科專科醫生陳耀敏表示，由於孕婦的子宮內育有胎兒，同時有胎水及胎盤，當胎兒逐漸長大的時候，子宮也會隨着胎兒長大而脹大。有些孕婦在子宮內有子宮肌瘤的，她們的子宮會較沒有子宮肌瘤的孕婦的子宮為大。另外，懷有雙胞胎或多胞胎的孕婦，她們的子宮亦會較一般孕婦的子宮為大。一般而言，懷孕過程子宮變化會如下：

階段 1：剛懷孕的時間，子宮會開始脹大，但初期孕婦未必能察覺得到。

階段 2：到懷孕第 3 個月的時候，孕婦可以在恥骨對上位置觸摸到脹大了的子宮。

階段 3：到了懷孕第 5 個月，孕婦可以在肚臍位置觸摸到子宮。

階段 4：到胎兒足月時，子宮已經脹大至肋骨位置。

產後即收縮

子宮隨着胎兒生長而脹大，它亦會隨着胎兒出生而收縮。陳耀敏醫生指出，當寶寶出生後，子宮便會立即開始收縮許多，它會收縮至肚臍對下位置，之後繼續慢慢收縮。於產後大約 1 星期，子宮已經收縮至恥骨對上位置；到了產後 6 星期，正常的子宮應該已經收縮至原來的大小了。

產後檢查知狀況

既然子宮收縮是否正常對產婦影響這麼大，產婦當然希望能夠清楚了解自己的子宮是否收縮理想，那麼她們可否憑自己觸摸子宮的位置，而了解它的收縮進程？陳醫生表示，產婦在產後一、兩天可以感到在肚臍對下位置有一個既圓又硬的物體，它會不斷抽動並有疼痛感覺，這便是收縮中的子宮。

陳醫生認為，雖然產婦可以自己觀察或觸摸子宮的位置，而了解它收縮的進程，但始終並不能確切了解子宮收縮是否理想，最理想的方法，是產婦進行產後檢查。當產婦做產後檢查時，護士會為她們搓揉子宮，藉以檢查其子宮是否收縮理想。另外，於產婦出院後進行產後檢查，透過超聲波檢查，才能切實清楚觀察到子宮是否收縮理想，已經回復原來的大小。

流血太多要注意

　　一般而言，產婦子宮收縮都沒有問題，但當然亦有例外，當產婦收縮出現異常情況，便要立即求診。陳醫生表示，若是產婦住院期間察覺突然流血過多，而惡露亦很多的話，便應該立即通知護士，讓護士轉告醫生，並為產婦進行檢查，給予適合的治療。若是產婦已經出院，但卻察覺出現問題，便要立即求診。

　　醫生會了解產婦的子宮是否收縮有問題，或是有其他原因導致突然血流量及惡露增加。由於產婦未必懂得自己透過觸摸而判斷子宮收縮的狀況，只有醫生才懂得如何透過觸摸而判斷子宮收縮的狀況，所以，產婦最佳方法是做產後檢查。陳醫生提醒，如果產婦察覺肚臍下的子宮又軟又流血多的話，便應及早求診。

高風險因素導致

　　導致產婦子宮收縮不理想，主要是因為有些高風險因素，都會影響子宮收縮，包括：

- 產婦本身的子宮比一般人大
- 孕婦懷有雙胞胎或多胞胎
- 孕婦有纖維瘤
- 胎兒比較肥大
- 有些孕婦有特別問題，導致她們生產時流血過多，這樣也會影響子宮收縮。

如果產後突然大量流血，便應盡快求診，不要拖延。

影響凝血

　　倘若產婦子宮收縮不理想，流血過多，並處理不善，後果可大可小，有機會影響產婦往後的凝血功能。醫生在處理產婦子宮收縮的問題上，會視乎情況決定，運用兩種方法。醫生可能會處方藥物，或會為產婦施手術，不過最重要還是產婦察覺有問題便應盡快解決，否則後果嚴重。

幫助子宮收縮方法

為了令子宮收縮理想，產婦可以參考以下2個方法，這有助令子宮收縮理想：

方法1：餵哺母乳

餵哺母乳時，可以協助調節荷爾蒙，幫助子宮收縮。當產婦餵哺時，寶寶吸吮母乳會同時一下一下地抽動子宮，能夠幫助排走子宮內的污物，減少血流量，能夠幫助子宮收縮。

方法2：護士按摩子宮

當產婦進行檢查時，護士會為產婦按摩又圓又硬的子宮。按摩的過程會令產婦有疼痛的感覺，所以很多產婦都害怕給護士按摩子宮，但這方法卻有效幫忙子宮收縮。產婦日常也可以為子宮進行按摩，方法很簡單，只要在子宮上打圈按摩便可，藉以增加刺激，令子宮收縮理想。

餵哺母乳有助子宮收縮，而且對寶寶有益。

及早處理

子宮收縮不理想，對於孕婦而言並沒有甚麼可以做的，最好的預防方法便是定期做產前檢查，當醫生察覺孕婦屬於高危一族時，便可以及早做準備，例如預早定生產的方式，醫生預先處方藥物協助產婦子宮收縮。產婦千萬別待情況最壞時才求診，如果出院後察覺血流量及惡露太多，便應及早求診，盡快解決。

頭痛原因多
產前後各不同

專家顧問：袁孟豪 / 腦神經科專科醫生

懷孕及坐月子期間，婦女會感到很多不適，而頭痛便是其中一種。導致孕婦及產婦出現頭痛的原因有許多，各人的致病原因也不一樣。醫生必須為孕婦及產婦進行檢查，找出真正的原因，再因應患者身體狀況給予適合的治療。

不同種類頭痛

導致孕婦及產婦出現頭痛的原因有好多，每人致病的原因都不相同。

孕婦方面

根據腦神經科專科醫生袁孟豪表示，孕婦在懷孕期間出現頭痛，最常見是壓力性頭痛或偏頭痛，因為在懷孕期間她們的荷爾蒙轉變，受荷爾蒙生理轉變影響，導致孕婦出現頭痛。另外，孕婦在懷孕前已經有頭痛的問題，當她們懷孕後頭痛的問題變得更嚴重。這些並不算是嚴重的頭痛問題，不會對孕婦及胎兒構成危險。

但是，也有些孕婦出現腦疾病，如腦出血、妊娠性毒血症腦腫瘤、腦水腫等，都會為孕婦帶來劇烈性頭痛。除此之外，可逆性血管收縮症候群 (RCVS)，也會導致孕婦出現頭痛。孕婦會出現動脈收縮，亦可以因為血管收縮導致缺血性中風。

產婦方面

至於產婦方面，可能由於生產的時候通過硬膜外腔分娩鎮痛技術幫助順產，或者是做過脊髓麻醉後導致腦壓低而產生頭痛。另外，產婦本身有頭痛問題，如偏頭痛、壓力性頭痛，這類型的頭痛不用太擔心。

因應情況用藥

當孕婦及產婦出現頭痛時，醫生會進行詳細檢查，並會因應病情及病人身體狀況給予適當治療。

孕婦方面

醫生會因應孕婦頭痛的嚴重性，處方止痛藥，最常用的止痛藥為樸熱適痛，雖然它的止痛效能較低，不過副作用較少，對孕婦及胎兒影響較輕微。而消炎藥、特效止痛藥都不會採用。如果孕婦的頭痛屬於較輕微的偏頭痛或壓力性頭痛，可盡量減少服藥，避免副作用。

補充水份有效止頭痛。

產婦方面

如果產婦出現的只是一般性的頭痛，如偏頭痛、壓力性頭痛，由於她們已經生產，與常人無異，用藥方面可以較多。但是藥物會在母乳中分解，對於餵哺母乳會有影響，所以，哺乳的媽咪要注意。如果產婦不是餵哺母乳的，便不用擔心受影響，用藥方面可以有較多選擇。

影響可大可小

　　由於導致孕婦及產婦頭痛的原因有許多，如果處理不善，可以帶來不同程度的影響。倘若孕婦是因為可逆性血管收縮症候群導致頭痛，處理不當的話，可以導致孕婦永久性腦部傷殘，對她及胎兒的性命也會構成危險。

　　假如只是一般性的頭痛，如偏頭痛、壓力性頭痛，會令孕婦或產婦精神不振，令她們常感不適。對於產婦而言，由於感到不舒服，會影響她們日常照顧小寶寶，影響產婦的情緒，長此下去，更可能令她們出現產後抑鬱，造成惡性循環。

可以的話做適量的運動。

7 招紓緩頭痛

　　頭痛真的令人感到非常不適，對孕婦及產婦所造成的影響更甚，以下提供一些方法給大家，可以幫助大家減輕及紓緩頭痛。

　　1 飲食定時定量：需注意飲食的定時定量；避免飲用含咖啡因的食物或飲料，以及一些刺激性的食物。

　　2 補充水份：每天喝 6 至 8 杯水，能有效防止頭痛。

　　3 適量運動：孕婦及產婦可以因應自己的體力，做適量的運動，可以增加血液循環、增加能量、減輕疲勞和預防頭痛。

　　4 充足的睡眠：一般來説，疲勞或睡眠不足容易引發頭痛，補充睡眠甚至養成早睡的習慣，亦有助於紓緩頭痛不適。

作息定時也能減少頭痛出現的機會。

5 注意身心健康： 由於懷孕荷爾蒙出現變化，令孕婦身體出現許多不適，加上可能擔心胎兒及自己的健康，因而形成很大的壓力。孕婦應該學習放鬆，不要過度憂慮，多與親友傾訴，做簡單運動，定時休息，也能夠幫助孕婦放鬆。

6 查找原因： 導致偏頭痛的原因有許多，可能是患上感冒或因為睡眠不足所致，孕婦及產婦要讓自己有足夠的休息，才能減少患病的機會。

7 減少進食誘發頭痛食物： 某些食物能夠誘發頭痛，孕婦及產婦應該避免進食，例如紅酒、芝士、朱古力等，應該盡量避免進食。

嚴重便要求診

有些頭痛是原因不明的，而由妊娠毒血症及可逆性血管收縮症候群，或其他重症所導致的頭痛是很難預防，可說是防不勝防。倘若孕婦或產婦感到頭痛非常嚴重的話，便應該立即求診，讓醫生進行檢查，找出真正的致病原因，再給予適合的治療。

突然頭痛要小心

袁醫生說如果孕婦及產婦在未懷孕前已經常出現頭痛的，這類型的患者反而不用過於擔心。相反，如果在懷孕過程中或產後才出現頭痛，這類型患者便需要更加小心，這類型患者更需要盡快求診。袁醫生表示，醫生盡量不建議孕婦及產婦服藥，多建議她們作息定時，減少進食及飲用誘發頭痛的食物及飲品，可以的話進行適量運動，便可以減少出現頭痛的機會。

產後惡露
知坐月期健康

專家顧問：林兆強 / 婦產科專科醫生

惡露，是產婦在產後 6 至 8 星期的產褥期內（中國人俗稱坐月）必然遇到的正常生理現象，一般持續 4 星期。假若惡露持續期間流量突然改變、質地黏稠、顏色有異或傳出惡臭氣味，這或許是子宮內傷口發炎或受感染的先兆，不容忽視。

惡露、經血大不同

正常的子宮體積如拳頭般大，但懷孕婦女的子宮卻因孕育新生命而隨着胎兒的體積增大。胎兒出生後，產婦的子宮便會慢慢回復至正常大小。子宮收縮期間，子宮內的廢物會慢慢排出，形成惡露。換句話説，惡露是由子宮內的胎盤傷口出血和生產期間剩餘的廢物，如胎膜和膜衣等組成。惡露初期雖呈鮮紅色，但它跟子宮內壁增厚後，自然剝落形成的月經並不相同。

惡露異常

婦產科專科林兆強醫生指，惡露一般持續 4 星期。若產後 4 星期仍有出血現象，只要流量不多仍屬正常。事實上，產婦可憑惡露的流量、質地、顏色和氣味，了解子宮傷口癒合的情況和產後的健康狀況。正常的惡露呈鮮紅色，質地稀薄，通常伴隨一點味道，但不是惡臭。流血約一星期後，惡露會轉為粉紅色，此狀況一般維持十數天。至惡露尾段，分泌物則呈淡黃色或白色。

例一 流量突然增加

產後胎盤的傷口也不小，容易發生感染。當子宮內的傷口一旦發炎，便有大量出血的風險。另外，胎膜、胎衣未能完全排清，甚至是胎盤未能完全脱落，也可造成出血。故產婦若發現惡露的流量異常增多，建議找醫生作詳細檢查。

例二 質地黏稠

　　正常的情況下，惡露的質地是稀的，如果產婦發現惡露猶如膿包或鼻涕般黏稠，這或許是發炎跡象。若惡露質地黏稠同時伴隨發燒和肚痛症狀，表示傷口受感染的可能性相當高，產婦必須盡早找醫生處理。

例三 惡臭撲鼻

　　婦女的陰道存在一定份量的細菌，當細菌遇到蛋白質和白血球便會極速增長，故惡露帶有味道屬正常事。但是，惡露的味道如墨汁般惡臭撲鼻，則有機會是由細菌性感染引起，產婦勿掉以輕心。

注意清潔

　　處理惡露的方法很簡單，以注重個人衛生為主，包括勤換衛生巾和勤加清潔下體。遇有上述惡露異常情況，建議盡早請醫生作詳細檢查。經醫生檢查後，若發現傷口發炎或受到細菌感染，一般以口服抗生素治療即可，有時候或需配合清洗外陰作簡單治療。

意大利

picci

寶寶的夢幻睡床・Baby's Dream Bed

意大利
Lella

3合1
嬰兒細木床
Co-Sleeping Crib

100% 意大利製造

- 床尾有星形掛鈎
- 3 段式高度調校
- 採用櫸木及安全環保水性漆

因應成長需要
隨時變換功能

❶ 嬰兒床 Crib

❷ 床邊床 Parent's Bed

❸ 兒童沙發 Sofa

可搭配Lella床上套裝 (套裝包括：床圍・床單・枕頭套・嬰兒被)

產後抑鬱
可誘發自殺傾向

專家顧問：張漢奇 / 精神科專科醫生

　　早前日本女星竹內結子疑因產後抑鬱，而在家自縊身亡，事件引起各界很大回響。產後抑鬱一直困擾着產婦及其家人，不只影響她的情緒，更甚的可能做出傷害自己及家人的行為。如產婦察覺自己情緒有異，應該及早尋求解決方法，正視問題，避免釀成慘劇。

3 個致病原因

精神科專科醫生張漢奇醫生表示，於醫學上只有抑鬱症，而沒有產後抑鬱症。產後抑鬱只是發生於產後的抑鬱症，所以便稱之為產後抑鬱。導致產婦出現產後抑鬱的原因有 3 個，大致如下：

1. 家族病歷史

這是先天的原因，如果產婦的家人有情緒病記錄，或是產婦在懷孕前有情緒病記錄，便容易於產後出現抑鬱症。

2. 思考模式

這視乎每人的思考模式，如果產婦是完美主義者，她於產後可能會對很多事感到憂心、焦慮，她們經常擔心自己照顧寶寶不周，並不是個好媽咪等，日積月累下便出現抑鬱症。

3. 生活壓力大

在生寶寶後，產婦既要照顧寶寶又要上班，兩者同時要兼顧，又希望兩者都處理得宜，因此她們產生很大壓力，最後令自己出現抑鬱症。

產後抑鬱 3 層次

當產婦患上產後抑鬱症時，她們會出現以下不同的症狀，當家人察覺產婦有以下的症狀，便應帶她們求診。

輕度	產婦會感到情緒低落，時常感覺疲倦，對甚麼也不感興趣，這是生理及心理的症狀。於生產寶寶的第一個星期會受荷爾蒙影響致情緒低落，但隨後當荷爾蒙回復正常，情緒低落的問題便會改善。
中度	產婦會出現失眠，她們會經常覺得自己未能妥善照顧寶寶，加上需要工作，會常常擔心寶寶，產婦會認為自己很失敗、沒有用處。每當寶寶出現嘔奶、發燒，而她們不懂得處理時，便會感到很慌張，害怕自己做不好，覺得自己很沒有用處。
高度	產婦會出現幻覺，會認為寶寶出現畸形，覺得寶寶長不大。產婦會出現思覺失調，認為自己不能把寶寶撫養成人，認為既然自己在這世界上也不能妥善照顧寶寶，倒不如一起離開這世界，於是便有機會做出自殺的行為。

各方面評估

倘若家人覺得產婦患上抑鬱症，便應該及早帶她們求醫，避免情況惡化。當產婦接受治療初期，精神科醫生會為她們及其家人進行面談及評估，以了解產婦的病情，再給予適合的治療。

產婦方面： 精神科醫生會了解產婦的食慾、各方面的感覺及情緒、在照顧寶寶時的情況是否感到開心愉快。

家人方面： 了解家人有沒有情緒病歷史，從家人口中了解產婦的情緒變化，從各種資料中評估產婦是否患上抑鬱症。

服用抗抑鬱藥

張醫生表示，治療產後抑鬱及一般抑鬱症的方法相同，主要包括心理及生理兩方面，生理上會給患者服用抗抑鬱藥，而心理方面，會教導產婦多與家人交談，分享自己的想法，暫時把寶寶交給家人代為照顧，藉以減輕產婦的壓力。

家人亦要體諒產婦，不要給予她們太大壓力，盡量協助她們照顧寶寶。張醫生表示，即使產婦患上抑鬱症，但這並不是絕症，它一定能夠痊癒的，最重要是產婦得到身邊人的鼓勵及支持，給產婦傳達正面的信息，同時千萬別刺激她們的情緒，這樣產婦慢慢便能康復。

正面信息

很多產婦覺得患上抑鬱症便很難康復，其實只要服藥，並得到家人支持，她們便可以痊癒。身為產婦的家人，可以多傳達正面的信息給產婦作鼓勵及支持，例如：

- 令產婦明白尋死是解決不了問題，死是沒有幫助的；
- 每人都有機會患病，現在你只是患病，但並不是絕症，只要服藥及休息便能夠好起來，不用擔心；
- 現時產婦雖然患病，但並不代表她們較其他人遜色，她們並不是弱者，服藥便可以康復；
- 當服藥後調節荷爾蒙，抑鬱便可以改善，這並不是大問題，事情總會解決的。

有機會復發

　　當產婦患上抑鬱症後，大約在服藥數星期後，情況便會開始改善，也有機會康復，但也有機會復發，例如遇上工作壓力，又或是懷第二胎的時候，便有機會復發，特別是懷第二胎時，抑鬱情緒問題會較第一胎時更加嚴重。所以，產婦必須多加注意自己的情緒健康問題，有問題立即尋求協助。

哺乳可服藥

　　很多患病的產婦可能擔心哺乳期間服藥，會把藥物透過乳液傳給寶寶，影響他們健康，因此便抗拒服藥，影響病情。張醫生說給產婦服用的抗抑鬱藥為血清青素，能夠幫助產婦盡快康復，即使是正在哺乳的產婦服用也不用擔心，可以盡快痊癒之餘，也不會影響寶寶健康，所以產婦可以放心服用。

患上產後抑鬱的產婦，其情緒會波動大。

產婦可以與朋友或家人傾吐心事，紓緩自己的壓力。

醫生會處方抗抑鬱藥給患病的產婦，只要準時服用，便可以盡快康復。

及早預防

　　防患於未然是非常重要的，及早治療，避免釀成悲劇。張醫生建議產婦如果之前曾患上精神病，有精神病歷史的，便更應要注意。產後察覺情緒有異，便應盡快求診，獲得正確的治療及服藥，便能控制問題，減低病情惡化的機會。

過度催乳
增患乳腺炎機會

專家顧問：陳耀敏 / 婦產科專科醫生

　　為人父母最擔心寶寶是否吃得飽、穿得夠，特別是新手餵哺母乳的媽媽。因此，為了令寶寶有足夠母乳，便尋求催乳師協助來增加奶量，最終適得其反，導致乳腺炎，影響媽媽的健康，同時亦影響餵哺寶寶的過程。

乳腺炎是非常普遍的問題，除了過度催乳有機會引致乳腺炎外，媽媽壓力太大、餵哺時間的改變、進食了太油膩的食物等，都有可能引起乳腺炎。身為媽媽的必須小心留意，注意自己的飲食及保持輕鬆的心情。

乳腺炎五大成因

婦產科專科醫生陳耀敏表示，乳腺炎是產後婦女常見的問題，它的意思是指乳腺內急性發炎，通常發生在餵哺母乳的最初 6 個月，大約有 10 至 20% 產婦會出現此問題。而導致她們出現乳腺炎的原因，主要有以下幾點：

❶ 媽咪奶量太多，奶量太多容易導致乳腺閉塞；

❷ 突然改變了餵哺時間，與之前的規律不同；

❸ 上班期間相隔太長時間沒有揼奶，這樣也會導致乳腺閉塞；

❹ 工作忙碌，忘記了飲水，由於水份太少而令奶變得稠濃；

❺ 吃了太油膩的食物、工作壓力太大及揼奶時間太短，也會影響噴奶反射，因此而引起乳腺炎。

不同程度

陳醫生表示，乳腺炎可以分為不同的階段，媽咪初期可能只是乳腺閉塞，倘若不加以處理，便會導致發炎。

初期：乳腺閉塞，媽咪會發現乳房某個位置感到谷谷脹脹及有堅硬的感覺。

中期：初期沒有處理妥善便會發炎，除了上述的不適外，媽咪會感到整體也不舒服，猶如患上感冒，會出現發燒、發冷的感覺，甚至皮膚會紅腫。

後期：情況更為嚴重時會含膿，需要請醫生協助放膿。

千萬別催乳

有些媽咪誤以為奶量越多越好，於是部份媽咪便尋求催乳師協助幫助催乳。催乳師為了令媽咪乳量增加，往往強行推揉乳房，這樣有可能破壞乳房部份組織，而更易導致乳腺炎及增加痛楚。因此，陳醫生不建議媽咪採用這個方法。

治療方法

不同程度的乳腺炎治療方法也有不同，現在分別闡述：

乳腺閉塞

倘若抽奶或餵奶的時間有變，可能會導致乳腺炎。

別停止餵哺：倘若媽咪餵奶後仍發覺胸脯有硬物，便應該繼續餵哺，千萬別因為感到疼痛而停止餵哺，因為持續餵哺母乳能夠減低出現乳腺炎的機會。

轉換姿勢：如果媽咪發覺寶寶吸吮不理想，可以在餵哺過程轉換姿勢，例如起初是以坐的姿勢餵哺，為了令寶寶吸吮有效，可以轉換為躺臥的姿勢。

刺激噴奶反射：倘若媽咪其中一邊乳房的乳腺閉塞，可以嘗試先用另一邊沒有閉塞的乳房餵哺，藉着餵哺產生噴奶反射刺激另一邊閉塞了的乳腺。如餵哺過程出現問題，媽咪可以用手從腋下位置開始向乳頭方向推，亦有幫助。

服食止痛藥：倘若媽咪感到痛楚難耐，便應該服食經醫生處方的止痛藥，千萬別強忍痛楚，這樣只會影響噴奶反射，令情況惡化。

乳腺炎

服用抗生素：當媽咪出現乳腺炎時，便應該尋求醫生協助，服用經醫生處方的抗生素，便可以減低乳腺發炎的程度。但是很多媽咪可能擔心藥物對寶寶帶來影響，而抗拒服藥。事實上，寶寶透過吸吮母乳而吸入抗生素的份量很輕微，因此，對他們造成影響並不太大，媽咪可以放心，當然有任何疑慮可以請教醫生，尋求專業意見。

超聲波治療：當媽咪出現乳腺炎時，可以採用超聲波治療的方法。醫生會在乳腺閉塞的位置用熱能放鬆周圍的組織，藉以幫助排奶。

忌揼過多母乳

預防出現乳腺炎並不困難，陳醫生認為，媽咪首先要有正確的概念，就是要明白奶量太多並不是好事，反而會增加出現乳腺炎的機會。她說一些媽咪每日不停揼奶，強迫自己增加奶量，但實際上寶寶並不能吃下這麼多奶，最後只有浪費。媽咪揼奶宜因應寶寶的需要，他們需要多少，才揼多少，不需要揼太多，只是揼多些少便可以。倘若採用埋身餵哺的，便在寶寶有需要時才餵哺。

餵奶揼奶規律別太大改變

倘若必須改變餵奶及揼奶的規律時，千萬別即時作 360 度大轉變，宜盡量安排與原本餵奶及揼奶時間相近的時間作改變，不要有太大距離，否則可能因太長時間未有餵奶及揼奶而導致乳腺炎。很多媽咪上班後忙碌而忘記飲水，導致奶變得稠濃，從而影響噴奶反射，這樣會增加出現乳腺炎的機會。

放鬆心情

陳醫生建議媽咪可以選擇在午餐時候揼奶，同時可以事先錄下寶寶的笑聲或錄影他們可愛的片段，一邊揼奶一邊觀看寶寶可愛的片段，可以令媽咪放鬆，刺激噴奶反射。媽咪謹記於餵奶及揼奶時千萬別操之過急，於壓力太大的情況下會影響餵奶及揼奶的表現，盡量保持輕鬆愉快的心情，這樣才可以令寶寶吃得好，媽咪又可以避免出現乳腺炎的問題。

患上乳腺炎會令媽咪感到整體很不舒服。

不需要揼太多奶，宜因應寶寶需要而定。

餵母乳

4 個常用姿勢

專家顧問：岑林淑玲 / 母乳育兒輔導及幼兒導師

　　母乳餵哺的姿勢會同時影響媽咪和 BB 的健康狀態，正確的吸吮亦會增加乳汁分泌。然而，究怎樣才是正確的餵哺姿勢呢？本文母乳專家將為大家介紹幾種常用的母乳餵哺姿勢。

姿勢正確重要

母乳育兒輔導岑林淑玲指，進行母乳餵哺的媽咪們要注意，餵哺姿勢的正確，是極為重要的。

因為餵哺 BB 不是臨時工作，整個哺乳期並不短暫，而每日亦不止餵 BB 飲一次奶。如若餵哺姿勢不當，則會對媽咪身體造成勞損，比如常見的「媽媽手」、肩周炎、筋膜炎等等。很多媽咪因為日復一日的錯誤姿勢餵奶，令得頸肩、背脊不適，嚴重者不僅肌肉痠痛、亦會導致韌帶、結締組織勞損，甚至腿腳麻痺、椎間盤突出。

正確的餵哺姿勢除了對媽咪的健康十分重要，亦對小 B 的成長至關緊要。

因為餵哺姿勢若不正確，BB 可能無法吸啜到乳汁，或者吸啜不到足夠的母乳量，長此以往，便會影響 BB 的成長，致使體重減輕。因 BB 沒正確吸啜乳房亦令媽媽得不到合適刺激，母乳量自然減少，或因沒法排出過多的乳汁而導致乳腺發炎等症狀，形成惡性循環。

吸吮次數會增加乳汁分泌

正確的母乳餵哺姿勢可以令乳汁流暢通順。不過，除了媽咪的姿勢有要求之外，同時亦要確保寶寶的吸吮姿勢正確，以便令 BB 可以吸取足夠的乳汁、避免媽咪的乳頭受到破損或產生痛楚。

吸吮姿勢 3 要點

- BB 嘴巴張大並需深入的含住乳頭
- BB 下巴貼住媽咪乳房
- BB 吸啜乳汁時媽咪乳頭不應覺得痛

以下是一些餵母乳的吮奶器：

2 段吸嗽模式，按摩及泵奶功能，並設有不同的力度選擇。防止倒流設計，能有效防止母乳倒流至吸管。可作單或雙泵使用、乾濕電兩用、便於攜帶。

Spectra 韓國母乳吮奶器，採用不含雙酚 A (Bisphenol A) 物料，令父母百分百安心。

4 個餵母乳姿勢

① 搖籃式

搖籃式可謂最多媽咪選擇的餵哺姿勢，亦是相對簡單易學的方式。

媽咪進行餵哺時，可以坐在床、沙發或座椅上，要注意要坐直身體，腳要有支撐點（若有需要可加小腳踏）。媽咪可以在大腿上用枕頭或毛巾等協助承托起 BB 身體（因媽媽們的胸部和大腿之間有身體距離，若不墊至合適高度，媽咪便不自覺地把頭頸過份彎低引致勞損）。BB 面向媽咪的乳房、BB 身體成一字形對準媽咪胸前。媽媽只需用一隻手輕扶 BB 身體即可。

② 攬球式

媽咪可坐在床、沙發或座椅等舒適地方，BB 的身體在媽咪腋下位置，頭面向乳房。媽咪用手夾住 BB 身體，用手托住 BB 的頭。此方式需要注意承托，同搖籃式一樣可用枕頭或毛巾等承托起 BB 身體。

攬球式的優勢是只需半邊身體餵哺，所以媽咪可以用另一隻手做其他事，甚至可以一邊吃飯一邊哺乳。攬球式尤其適合雙胞胎的餵哺，同時，由於此方式不致碰觸傷口，姿態舒適，因此也尤其適合手術分娩的媽媽。

可用枕頭或毛巾等墊起 BB 身體。

③ 側臥式

媽咪和 BB 側臥於床上，肚仔對肚仔。BB 嘴對媽咪乳房。需要注意的是，BB 不需要用枕頭，因為媽咪側臥時乳房自然向下，適合 BB 直接吸吮。而媽咪靠近床的手要枕於自己的枕頭下方，亦不可用手托住 BB 的頭。側臥式同樣適用於剖腹生產的媽媽，不會壓迫手術傷口，進行餵哺時亦方便媽咪放鬆休息。

❹ 仰臥式

　　媽咪只需仰臥在床上或沙發上，BB 姿勢隨意的趴在乳房處。
仰臥式哺乳的姿勢沒有太多其他限制，亦較輕鬆自然。 需注意，
餵哺一定要在安全的地方，床或沙發一定要寬闊，以防止媽媽
餵哺過程中因過份疲倦時滑手令 BB 跌落。若選擇以此方式
進行餵哺，建議餵哺初期有家人或看護人員在場較為安全。

　　仰臥式餵哺的缺點是，如果 BB 習慣了
這種舒適的哺乳姿勢，日後外出時若需要
在別處餵哺，BB 可能會有扭捏或掙
扎，而不是立刻乖乖地飲奶。

床或沙發要盡量闊些，以保證 BB 安全。

點先算正確餵哺？

　　如果母乳餵哺的姿勢正確，哺乳時 BB 會大啖大啖地不停吸吮，吞嚥
動作明顯而有規律。剛開始餵哺時，BB 每一次吮吸都伴有吞嚥動作，然
後隨乳汁減少而吞嚥動作亦相對減慢。當 BB 飲飽後，嘴巴會放開乳頭，
身體完全放鬆，並進入夢鄉。

留意 BB 肚餓信號

　　BB 出生後最初幾個禮拜，一定要留意觀察 BB 肚餓的表現。除哭鬧外，
如轉頭或抬頭、張開嘴、轉動舌頭或吮吸周圍的東西等動作，亦都可能是
BB 表達肚餓的信號。同時要注意，BB 不一定每餐需吃兩邊乳房，人奶的
BB 每一餐吃奶量及每餐相隔的時間可能有所不同，所以媽咪只需保持兩
邊乳房有輪流餵哺，即可以確保乳汁分泌平均。

餵哺前疏通乳腺

　　進行母乳餵哺前，媽咪可以用手輕輕按摩乳房，令乳房放鬆，BB 吸
吮奶汁就會更加順暢。並注意 BB 吸吮技巧及媽媽抱 B 姿勢是否正確即可！

公眾場所餵母乳
不用尷尬

專家顧問：岑林淑玲 / 母乳育兒輔導及幼兒導師

　　社會上餵母乳的媽媽越來越多，而且不少都傾向埋身餵，以保證自己的餵乳量。不過產後媽媽總需要外出活動，那自然會面對在外餵哺母乳的挑戰。　本文為大家講解在公眾場所哺乳的注意事項，教大家如何減少尷尬，應對他人白眼，成為稱職的哺乳媽媽。

第一步：在家中練習

　　據餵母乳育兒專家岑林淑玲表示，許多餵哺母乳的媽媽，在需要外出餵哺母乳前，都忽略了在家中練習，而這便直接導致了在外餵哺母乳的種種問題。事實上在 BB 出世的首三個月，大部份媽媽都不會經常帶 BB 外出，這時如果媽媽知道自己是好動分子，可能需要在公眾地方餵哺母乳的話，便應該預先勤加練習，讓自己和 BB 都有所準備。

　　在家中時大部份媽媽都以平放式、躺臥式作授乳姿勢餵哺母乳，只要掩上房門便可以放心餵哺，但如果在外餵哺母乳，許多時便會用上餵奶巾或披肩，而餵母乳的姿勢也未必一致。因此，媽媽有需要在家中模仿在外餵哺母乳的狀況，為 BB 加上餵乳巾，又或是使用揹帶等。如果在家中先讓 BB 適應，他們便不會在外因為餵哺乳方法不同而有所抗拒，減少情緒不安；同時媽媽多在家中模擬外出餵哺母乳，也有助了解如何整理衣物、哪件衣物比較容易配合外出哺乳等。

第二步：選擇合適場所

　　公園是戶外餵哺母乳的好選擇場地，是餵母乳的重要選擇。出門在外，如果 BB 哭鬧要吃奶，媽媽可以選擇一些較清靜的環境例如公園、商場角落的椅子等。因為嘈吵擠迫的環境較容易令 BB 哭鬧，而心急的媽媽亦容易情緒不安，影響哺乳。

　　除此之外，選擇地方也需要顧及其他人的需要，現今不少商場都設有育嬰室，但育嬰室始終有別於哺乳室，而餵哺母乳動輒便需 15-30 分鐘，如果佔用育嬰室便有機會妨礙他人為 BB 換片，易引起他人不滿，故有準備餵乳巾的媽媽，不妨在圍上餵乳巾後，利用商場的椅子餵乳。此外，在用膳的繁忙時間，一些店舖顧客流量較頻密，若長時間佔用位置餵哺母乳易引起食店的不滿，媽媽餵哺母乳時也宜多加注意。

不需要揼太多奶，宜因應寶寶需要而定。

第三步：了解矛盾成因

岑林淑玲表示，其實社會上對餵哺母乳的認知逐漸增加，因此大部份人都不會對餵哺母乳的媽媽投以歧視目光，不過個別的矛盾事件則仍時有發生。她說：「我所接觸的個案中，大部份被投訴的母乳媽媽，都被指坦露的部位太多，引起他人尷尬。面對這類控訴，餵哺母乳的媽媽中有兩類觀點，其一是認為自己只要用上餵乳巾，充分遮蔽身體便能免去尷尬和紛爭；另一方的媽媽則認為自己只是為了餵哺 BB，BB 吃奶時也沒有露出乳量，不是刻意暴露，故不掩飾也不應受到歧視。這兩種觀念其實各有道理，值得互相尊重。

第四步：應對他人白眼

社會上對餵母乳的風氣日益包容，不過岑林淑玲表示，現今不少人士都會在網上世界表達自己的不滿，餵哺母乳有時也成為了大家的攻擊對象。在今年 5 月，便有人把偷拍餵哺母乳媽媽的相片放上網，更出言諷刺，令不少媽媽及市民反感。面對其他人的控訴和白眼，岑林淑玲建議各位哺乳媽媽以下幾個重點，以應對不愉快的事情。

● 先冷靜

首先不要因為對方的行為而動氣，要先保持冷靜，絕不需感到尷尬和羞愧。若有需要或可以心平氣和地向對方解釋：「餵哺母乳是媽媽及嬰兒與生俱來的權利」，向對方說明母乳對嬰兒又有何好處。

- **提防他人錄影**

　　外出時一定要慎防他人有錄影的行為，因為現今科技發達，每個人幾乎都有一部可供錄影的手提電話，為了保障自己，媽媽一定要慎防錄影器材。

- **記錄對方的身份**

　　如果遭受到辱罵和歧視，而對方又不接受解釋，媽媽可以自己或託身邊人記錄對方的名字和事發經過，記錄要盡可能詳細，再向場所負責人投訴。

- **向平等機會委員會投訴**

平 等 機 會 委 員 會
EQUAL OPPORTUNITIES COMMISSION

　　媽媽其後可以向平機會投訴，據《家庭崗位歧視條例》如果場所和場所管理人，有騷擾或驅逐餵母乳的媽媽，便有機會觸犯歧視條例，而平機會的職員會按媽媽記錄下來的內容作出調查。不過該條例的阻嚇性較低，所以投訴亦未必一定有回應，最成功者或只是收到該場所負責人的道歉信。政府近年就母乳展開較多的推廣工作，而坊間的母乳支持團體亦積極地參與及推廣，讓更多市民和商戶知道餵哺母乳的難處和重要性。岑林淑玲更希望政府能立法保障餵哺母乳的媽媽不受騷擾，這便政府最佳的推動方式了。

家人諒解

　　在外出時餵哺母乳，除了需要媽媽餵哺母乳的決心外，其實家人的支持也十分重要。一般而言，如果丈夫支持太太餵母乳，也大多不介意太太在外餵哺，只要「不走光」便可。不過亦有部份餵母乳家庭反映，家中的長輩較難接受在公眾場所餵哺母乳，他們的思想較為保守，認為餵哺母乳應在較隱蔽和私密的地方進行。故媽媽這時一定要和家人多作溝通，因為先得到家人的體諒和支持，才能堅定自己餵哺母乳的決心和恆心呢！

產後減肥

毋須過急

專家顧問：陳耀敏 / 婦產科專科醫生

　　很多產婦都會被廣告中女藝人產後極速收身所吸引，希望自己都能如她們一樣，產後能回復苗條身材，於是很多產婦於產後立即節食及狂做運動減肥。其實生產過程已經令產婦大量虛耗身體的營養，而產後更需要餵哺母乳及照顧小寶寶，如果立即減肥，只會令身體更加虛弱，將來容易患病，影響健康。

付出大量營養

相信沒有一位產婦希望見到自己肥腫難分的身材，所以，很多產婦於產後便立即開始收身大計，不是節食，便是狂做運動，希望於短時間內能夠回復苗條身材。

不過，婦產科專科醫生陳耀敏絕對不贊成產婦過早進行減肥。她表示，無論是採用剖腹生產或是順產，婦女都在懷孕及生產的過程中虛耗了大量營養，為小寶寶提供了許多養份。當生產完成後，產婦應該把握機會，好好調理身體，讓身體機能能夠逐步回復。倘若產婦於產後急於減肥，再加上餵哺母乳，只會令身體虛耗更多營養，最終只會影響身體健康。陳醫生說，產婦餵哺母乳需要虛耗更多能量，倘若她們同時節食，會影響母乳的質量，最終不只影響產婦身體的健康，同時亦會影響小寶寶的健康，結果只有得不償失。

影響多方面

假如產婦於產後即時進行減肥，長遠會對身體各方面帶來影響，引起不少疾病：

- 由於身體營養不足，會影響母乳的質素；
- 當身體虛弱時，可能會出現脫髮問題；
- 產婦的指甲及皮膚都不健康，這反映出產婦的健康不佳；
- 長遠而言，產婦容易患病，令身體健康更差。

產檢後才考慮運動

陳醫生說，不論是剖腹生產或是順產，都會為產婦帶來傷口，如果她們於產後立即做運動減肥，可能會令傷口難以癒合，後果嚴重。所以，她提醒產婦不應該在產後最初 6 星期做運動，避免影響傷口。

她建議產婦於產後應該進行能收緊盆底肌肉的運動，媽媽於產後，醫護人員會教她們進行。這套運動能夠幫助產婦收緊盆底肌肉，避免下垂，減少出現尿滲的情況。倘若產婦想於產後做運動，應該於完成產後檢查，經醫生確定沒有大礙，子宮傷口完全康復，才進行運動會較理想。

產後立即減肥，只會影響身體健康。

食出健康

　　產後除了不宜即時進行運動外，亦不應該節食。坐月期間亦不可以節食，原因是產婦於懷孕及生產過程已經大量虛耗，再加上產後餵哺母乳，產婦進食多少，便輸出多少，倘若節食的話，只會令身體更加虛弱，所以產婦產後千萬別立即節食減肥。

　　產婦可以挑選一些健康的食物，但別進食太油膩、太甜或煎炸的食物，宜揀選健康的食物為佳。日常生活中雖然不宜進行劇烈運動，但也不建議產婦整天坐着不動，陳醫生表示，產婦照顧寶寶，或是簡單的散散步也可以，這樣也能幫助產婦消耗能量，但不損健康。

循序漸進

　　雖說經產後檢查，確定子宮傷口完全康復，產婦可以考慮開始進行運動，但亦不可以操之過急，必須衡量自己的體力才進行運動，每人的體力也不同，不可以與別人比較。

　　陳醫生以自己的經驗為例，她本人非常愛好游泳，她於復原後，便開始游泳，但會採用循序漸進的方式，不會一下子游太長時間，初期會每次游 20 分鐘，當身體狀況再進步後，便游長一點時間，逐步增加時間，不會勉強自己。另外，陳醫生建議產婦除了可以游泳外，亦可以考慮做 gym 或瑜伽，但當然初期不要做太劇烈的運動，宜先做輕鬆一點的運動，例如踏步機，對於改善腹部、大腿、臀部都有幫助。陳醫生說產婦最重要是量力而為，切勿操之過急，影響身體健康。

產後別急於做運動減肥，
以免令傷口難以癒合。

餵人奶收身

此外，餵哺母乳都是個不錯的收身方法，原因是每當寶寶感到肚餓，產婦便需要立即給餵哺，母乳的來源都是原自產婦體內的營養，產婦吃多少，便會輸送多少給寶寶，所有脂肪、營養都供給寶寶。所以，若產婦節食，便會減少奶量及質素，影響寶寶吸收營養，對他們健康帶來影響。

除了餵哺母乳外，產婦亦要照顧寶寶，特別是初生寶寶，既要餵奶，又要不時為他們清潔，以及抱抱他們，令產婦非常忙碌，這樣，亦是幫助她們收身不錯，而又健康的方法。

產後千萬別節食，以免影響身體健康。

千萬別比較

坊間許多收身廣告，都希望藉着名人、明星的效應來吸引顧客，經常邀請一些產後女星拍收身廣告，令產婦都希望自己能如明星一樣，生產完都可以像完全沒有生產過一樣，能夠擁有苗條的身材，於是，大家便急於減肥，沒有考慮自己的健康。陳醫生說，產婦千萬別拿自己與明星比較，健康才是最重要的。當產檢完畢沒有問題後才考慮進行運動。日常飲食只要食得健康，加上餵哺母乳及照顧寶寶，慢慢身材便可以回復狀態。陳醫生補充說，於產後她本人都是肥胖胖的，但為了健康及餵哺寶寶，她並沒有節食及即時運動，當身體復原才循序漸進進行運動，大概 2 至 3 個月後便回復原來的體重，這樣才避免影響身體健康。

185

紮肚風格不同
優點各異

專家顧問：王紫瑜紮肚導師

　　傳統來說，在中國，女人分娩後會坐月；在印尼，女人分娩後會紮肚。四、五年前，香港開始興起紮肚，時至今日，紮肚越來越普及。香港婦女如欲在產後紮肚，須注意甚麼事項？在不同風格的紮肚手法中，又該如何作選擇？且聽專家怎麼說。

現時香港最普遍的紮肚方法是打小結的。

186

修復腹直肌分離

紮肚導師王紫瑜表示，紮肚是源自印尼的古法療程，作用是幫助婦女產後收身，在機能上恢復產前的狀況，就如中國人坐月般。最主要功效是修復腹直肌分離和促進內臟復位，此外，還紓緩痛症問題、強化腹部肌肉，以及改善新陳代謝。

紮肚的理論是當婦女在懷孕時，身體會分泌鬆弛激素，令骨擴大，好讓將來胎兒能夠順利出來。分娩後，鬆弛激素會自然流走，在鬆弛激素減少的過程中進行紮肚，會事半功倍。

紮肚由按摩開始

古法紮肚源自印尼，現時已發展出不同風格的紮肚手法，但所有紮肚手法的步驟皆是由按摩開始，是否按摩背脊則視乎治療師，正宗的紮肚會先按摩背脊、肩膊和後腰，令產後婦女放鬆身體及紓緩身心，改善因餵奶姿勢及懷孕過程造成的痠軟不適，接着按摩肚子，包括按摩胃以排胃氣、推腸以改善腸道蠕動，以及進行改善腹直肌分離及內臟復修的按摩。

之後，如果是跟印尼式的紮法，會敷草本物料或塗貝殼粉在身上，但在香港非常不適合這樣做，因為大多數媽媽用草本敷料會出現敏感，而屬當地特產、用來美白皮膚的貝殼粉，在身上乾了之後會掉下來，弄至全屋也是粉，而且很難清潔，所以，在香港有些人會用精油代替。

精油具不同功效

接着是塗精油。精油具多種成份，各有不同功效，例如薑可以驅風、檸檬可以美白、橙可以鬆弛神經、西柚可以消脂；甜杏油、牛油果油、椰子油、芝麻油則可以滋潤皮膚。塗完精油後，便開始紮肚。

峇里紮肚令腰直

坊間有多種風格的紮肚手法，例如峇里紮肚、印尼紮肚等，其實，它們的按摩過程是沒有分別的，分別只在於使用甚麼紮肚布。

峇里紮肚採用印尼傳統紮肚布帶——是一卷非常硬身的布，在身上圍圈地紮，紮畢，媽媽感覺腹部好像木乃伊般，能令腰很直，可以改善脊椎問題及改善姿勢。要是產婦有腰痛的話，進行峇里紮肚後，會感到十分舒服，因為可以借力，有東西承托着腰部。此外，這種紮法可避免肚入風。

印尼紮肚修身好

峇里紮肚在香港不及印尼紮肚那麼盛行。

印尼紮肚是使用透氣純棉紮肚布帶來打多個小結，由近臀部位置向胸骨位置進行打結，因為每人腰的長度不同，所以小結數目由約 20 至 30 個不等。這種紮法能紮得很細緻，紮到胃至橫隔膜的位置也會很緊，較峇里紮肚來得貼，修身效果較為理想，而普遍香港女性覺得修身比較重要。

兩種風格各有各的優點，產後婦女可因應自己需要選擇。

紮到中途可休息

由於香港十分濕熱，故紮肚時間不能過長，這點跟印尼不同。在印尼，一紮便紮 24 小時，紮足 30 天；在香港，通常是一天紮 6 至 8 小時，約紮 10 天、15 天或 20 天。

即使是 10 天的療程，王紫瑜建議不要連續 10 天的做，而應在做了 5 天後，休息 2 天，再做餘下 5 天，因為做完首 5 天後，會發覺身體痠軟、肌肉繃緊，最好休息 2 天，待肌肉放鬆後才做，效果會較好。

毋須急於紮肚

一般順產者可開始紮肚時間是產後 2 至 4 星期，剖腹分娩者則是產後 6 至 8 星期，人們這樣說有可能是考慮到香港女性或許坐完月便要復工，難安排時間紮肚，不過，根據王紫瑜的經驗，她不覺得越快開始越好，因為紮肚本身有點辛苦，建議產後婦女若時間許可，在坐完月後才開始紮肚，順產者在產後 4 至 6 星期，剖腹分娩者在產後 8 至 10 星期，原因是在懷孕時，孕婦會寒背，在紮肚時，人會坐直，因而在紮肚首數天人會感到較累。

其實，紮肚的黃金期是產後約 3 至 6 個月，紮肚黃金期與鬆弛激素息息相關，在產後 3 至 6 個月，身體仍有鬆弛激素，所以產後婦女不用太心急去紮肚。

紮肚禁忌

紮肚並非人人可做，若有以下情況，便不能做：

- 子宮下垂
- 小腸氣
- 腰椎曾發生意外，有嚴重側彎
- 身體有炎症，如發燒
- 嚴重濕疹

香港一般紮肚步驟

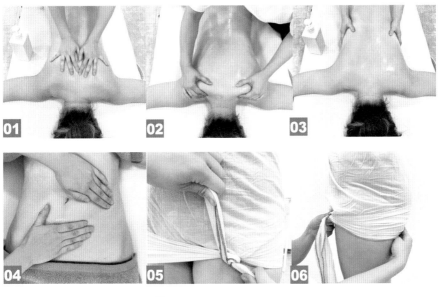

1.按摩背脊。　　3.按摩後腰。
2.按摩肩膊。　　4.按摩腹部。

5.開始進行紮肚。
6.由盆骨底向胸骨紮。
7.大約打20至30個小結後完成。

紮肚 ≠ 減肥

坊間有謬誤，以為紮肚可以減肥，事實上是不可以的，只不過是在紮肚的過程中，讓多餘的水份加快排走，令紮肚者看上去是單薄了、細小了，但其實脂肪量依然是不變。

星媽追捧紮肚
有用嗎？

專家顧問：曾苑雯 / 註冊物理治療師、胡芳華 / 產後紮肚治療師

孕婦在懷孕及生產過程中，膨脹的子宮會把腹直肌拉扯，導致產後不同問題。然而現今越來越多產後媽媽甚至女藝人也做紮肚，到底甚麼是紮肚？紮肚又有效嗎？

古法紮肚來自馬來西亞和新加坡，是非常流行的產後收身療法，亦是當地婦女傳統沿用的坐月療程，主要用薑油按摩祛風，用 3 種薑及草藥調配的草藥敷在腹部，然後以捆紮的方式，將懷孕時受荷爾蒙影響而鬆弛的盆骨及關節向內收緊，從而達到重塑身形的效果，對腰、腹部及盆骨尤其有效。

新一代紮肚 5 特點

1 不採用草藥：坊間一般古法療程是用有機草本暖敷腹部，祛風收腹，將器官推回原位及緊致肚皮。據稱草藥具有促進血液循環等療效，然而草藥有機會令媽媽皮膚敏感，而且要敷上 5 小時以上。

2 輕薄布料：所用的紮身布均質地透薄，能減輕紮身時的不適，讓皮膚透氣及減低對媽媽行動力的影響。

3 認證臍燭：療程中所使用的臍燭及按摩油，均為有機認證及國際機構認可，不會對人體造成不良影響。

4 獨門紮法：由胸骨對落紮至盆骨，纏繞型綑綁，於用家身上繞 30 至 40 個圈，每個圈都是度身訂造，而每圍一圈都會打結固定位置，所以全身會有達 30 至 40 個結，確保布帶不會移位。

5 暖宮護宮養生儀：採用 FDA 認證的醫療級熱能養生儀，透過納米遠紅外線深入人體，促進血液循環，活化身體細胞，改善虛冷體質，並透過排汗排出體內毒素及重金屬，呵護女性子宮。

紮肚治療師：力度要精準

紮肚越來越多人試用，到底紮肚時有甚麼要注意？產後紮肚治療師胡芳華表示，紮肚要留意束衣力度、經驗及技術對紮身療程最為重要。力度不是指應否用力，而是要精準到位，從中找到每位媽媽獨有的需要，針對她們個別的身形和問題，在準確的位置落適當的力度。如果紮得太緊，則不能去洗手間，全身不便走動；若太鬆，則無法矯骨及修復腹直肌分離問題。

物理治療師：不要單靠紮肚收身

　　而註冊物理治療師曾苑雯表示，懷孕期間腹直肌長期受壓，另一方面因為鬆弛素分泌增加，引致肌肉筋膜鬆弛，令腹直肌向左右兩邊分開，腹部形態向橫拉闊，形成肚腩凸出。腹直肌在固定及保護腹腔器官方面有着重要作用，亦是維持腹壓的重要肌肉，能控制排便、排尿、咳嗽。而紮肚是透過特定的按摩手法，促進血氣運行及排出肚風，同時令子宮加速回復到正常體積，令其他器官壓力減低；修復腹直肌、收緊腹部肌肉及收細盆骨，把「走樣」的內臟重回原位。曾苑雯認為紮肚有一定作用，但就不可單靠紮肚收緊腹部肌肉，紮肚後要做適當的運動，例如會陰肌肉及普拉提，她建議順產媽媽產後 4 星期後開始療程，而剖腹媽媽要待傷口癒合，約 6 至 8 星期才開始進行。她又提醒，有高血壓和生產過程中過度出血的產婦不適合做紮肚。

尋回小蠻腰 星媽一窩蜂追捧！

楊怡身形有所改善

　　古法紮肚是近年大熱的產後收身療法，近日生完「小珍珠」的 41 歲楊怡都有採用，她在社交平台分享成果，照片中楊怡穿上運動 bra top，身形非常纖瘦，「其實生完 BB，我感覺到自己無論骨架、線條等都有明顯的變化，而盆骨最為明顯。」

　　並指出紮肚兩星期左右已經感受到身形有所改善，甚至可以穿回生 BB 之前的衫褲！

張名雅極速尋回蛇腰

　　前港姐冠軍張名雅 （Carat）2017 年誕下兒子 Mario，未夠一個月就火速收身，她在 fb 分享收身大法，除了積極做運動外，更採取「古法紮肚」來收身，現在條腰已經回復 27 吋！「治療師首先幫我按摩，按淋巴，然後按肚。因為生產過程會令媽咪入風，產後更加要注意祛風以避免入風。按肚主要集中在子宮和卵巢的穴位，治療師亦會用按摩的手勢按肚風出來，然後在肚上加入溫和的草藥祛風。對於一般需要改善腰線及盆骨的媽咪，紮肚應該會比較有大幫助。

樂基兒肚皮一日比一日扁

樂基兒 (Gaile) 有子萬事足，Hunter 於 4 月出世之後，重心都在照顧 BB。她火速收身，原來她也有紮肚，問鬼妹仔性格的 Gaile，何解選擇採用傳統古法紮肚療程來收身，更擔任代言人，Gaile 説：「因為有一個好有經驗的團隊，將古法紮肚塑形結合美國認證高科技收身儀器，更為每位產後媽咪度身訂造配方中草藥，看到肚皮一日比一日扁，好神奇，所以放心將產後收身問題完全交給他們。」

楊諾婷紮肚半信半疑

楊諾婷 Rabee a 生完 Tanya 後一直受關節痛困擾，未能靠運動收身，看到報章登出自己「肥師奶」照片後，無計可施便尋求外援，「本身都對紮肚半信半疑，朋友極力推介話效果好就試，做了 3 次之後，效果好明顯，call 機肉都沒有，練回肌肉！」

孫慧雪紮肚致子宮出血

孫慧雪生完団団 Riley 後，身形一直保持微胖，於是決心收身，嘗試以產後紮肚減肥法，一改生完 BB 後的微胖身形，並於個人社交網 po 出多張自拍照，見她穿上非常貼身的紮肚帶，紮到連腰都再出現。

阿雪話希望紮肚可以幫她紮細骨架，第一日紮時，她還笑説有箍牙的感覺。待她第二日紮肚在網上再發文透露：「今日幫我再紮緊些，幫我紮埋胸骨，你們看，穿條褲上去，都不太臃腫，因為堅緊！不過紮到第三日卻發生意外而停止，「可能個人體質問題，或者因為我是剖腹產兼生大碼 B，子宮傷口太大所以產後 3 個月紮到第 3 日，就子宮出血，於是沒有再紮！」

陳爽久違小蠻腰

擁有一子一女的星媽陳爽產後亦曾做過紮身療程，她在 Facebook 上分享紮肚心得，「結束了 15 天紮肚療程，感覺盆骨收緊了，肚子和後腰上面的肉也少了。每天紮肚 8 至 10 個小時，很快就可以穿上 hot hot 的緊身牛仔褲，重回產前的身材，想到這一點心裏就特別興奮。慶幸自己遇上了 FH Remodel 的產後修復治療師，根據我每天的狀態和修復情況，調節紮肚部位和鬆緊，這是很多其他類似方法無法做到。

產後小腹凸
或腹直肌分離

專家顧問：黃梓漫 / 產後修復專家

很多產後媽媽發現「卸貨」後，腹部仍無法回復產前的狀態，會有小腹凸出和皮膚鬆弛的問題，有這些症狀可能是患上了腹直肌分離症，今期會為大家講解腹直肌分離症的成因和解決方法。

有數據指出 60% 的媽媽產後小腹凸出，可能是患上腹直肌分離症；腹直肌分離並不只是影響美觀，還可能導致骨盆前傾、臀部無力、腰痛、膝關節痛等問題。

腹直肌分離症是甚麼？

腹直肌分離症是指腹部內的筋膜層長期拉扯而鬆弛，令左右兩邊的腹直肌分開，最後未能回復原貌。腹直肌分離對身體內外都會造成嚴重的影響，腹部因為兩邊的腹直肌處於分離狀態，外觀上會令媽媽長期有個「大肚腩」，難以收身。肌肉亦會變得軟弱，令人的重心前傾，造成厚背及盆骨擴大。另外，腹肌是核心肌群的一部分，具有保護脊椎及影響全身結構性的支撐。

產後媽媽最佳修復時機

產後0-42天	可以呼吸修復
產後3-6月	修復黃金時機
產後6月-1年	修復關鍵時機
產後1-3年	修復的次關鍵時機

產後腹直肌分離，是不會隨時間自動修復的，所以無論產後多久都要做盆底肌修復，只在醫院裏靠儀器修復是遠遠不夠的，大肚腩和腹直肌分離的恢復有着直接關係。

懷孕期變化

　　產後修身專家黃梓漫表示，婦女在懷孕及生產期間會分泌鬆弛荷爾蒙，使肌肉及骨骼變得柔軟，以助擴張體內空間容納胎兒，而膨脹的子宮更會把腹直肌拉扯，導致產後腹直肌分離、內臟移位及盆骨增寬，如產後沒妥善處理，或有機會引致失禁、子宮下垂及陰道鬆弛等問題。而紮身是利用鬆弛荷爾蒙仍存在體內的期間，身體組織依然柔軟，透過束腰外部加壓，達到矯形的目的。

為何要紮肚

　　懷孕令腹部過度擴張，而導致產後腹直肌分離，是不會隨時間自動修復的。

　　懷孕期間，孕媽媽的內臟可能被迫至移位，令盆骨外擴。

　　這塊被撐開的腹直肌，就好像恢復身體的支柱，支撐骨骼，紓緩背部肌肉，盆骨可以縮回原狀，走樣的內臟也能重回原位，姿勢便得以改善，整個體態都變好。紮肚不屬於減肥療程，它是利用紮身布的壓力，排出體內的空氣和水份，矯正腹直肌和盆骨的位置。如果媽媽想減脂，必須配合運動和飲食，才能達到減肥收身的效果。

黃梓漫指從中醫角度來看，「氣」、「血」、「水」是支持人體活動的重要要素，其中氣是生命能量，血是血液，水則是血液以外的體液。三者流動順暢是健康的關鍵，一旦氣血水循環遲滯，就可能引起各種不適和疾病。

產後護理重點：

- 回復子宮健康
- 讓身體自然排出毒素
- 避免「宮寒」

推崇中醫的養生周期，把握適合的時期做對療程會事半功倍。升級版「印尼古法紮肚」配合獨創的「太極氣罐排毒紮肚」，對產後媽媽的身體修復有莫大效益。中醫的養生周期分為經期、經後、排卵和經前四個時期，不同的時期，體內的氣血水循環也有不同的變化特點，這個時間來進行「升級版印尼古法紮肚」的護理療程，28日便可收身養身，解決產後「內臟移位」、「盆骨變闊」、「子宮擴大」、「腹直肌分離」、「宮寒」等問題。療程分開六個步驟，達到先減毒腩、後補元氣之固本培元收身效果。

印尼獨家古法紮肚技術，用料天然、舒適，無礙餵哺母乳。先以人手按摩祛除肚風，燃燒時所產生的熱力會引起煙肉效應，改善下半身水腫，再用暖宮儀器加促新陳代謝及血液循環，最後用特定的紮肚長布由盆骨一圈一圈包至胸骨位置，以不同力度針對不同需要改善的部位，從而塑造完美線條。

針對每位媽媽的需要和身體構造不同，矯形師於紮身過程中及療程期間，需要不斷與客人溝通並明白她們的獨特需要，針對她們個別的身形和問題，在準確的位置落適當的力度。

酒店式坐月
24小時服務

對於產婦來說，坐月期間既不能外出，又諸多限制，還要為聘請陪月而煩惱，加上現在受疫情影響，親朋好友登門造訪亦諸多避忌，令產婦有困在籠牢的感覺。為了讓產婦能夠輕鬆舒服的坐月子，有酒店特別打造首個全方位月子住宿計劃，為產婦提供完善的食宿，更設有24小時陪月服務，設有育嬰課程，酒店內寫意休閒，加上眺望城門河景，讓產婦能夠優悠自在地度過坐月子的時光。

私隱度高

坐月子對於產婦來說是非常重要的，有說如果坐月子期間調理得宜，可以令產婦健康更勝從前，由此可見坐月子對產婦來說是多麼重要。有見及此，沙田麗豪酒店特別打造全港首個全方位月子住宿計劃。他們特別把酒店的其中一層設計為「月子住宿」專屬樓層，並推出全新「悦子 ● 悦美」囍月計劃。

由於他們明白於坐月期間，產婦既需要照顧寶寶，也需要爭取時間休息，所以，這樓層的私隱度非常高，除了該層樓的住客及職員外，其他人不可以隨便出入。即使是產婦的房間，也只限丈夫可以進出，其他訪客只可以在專屬會客室造訪，避免影響產婦休息。

睡房設備齊全

該酒店可供產婦選擇的房間種類共有 4 種，房內設備齊全舒適，除有一般酒店房設備，更有嬰兒床、換片墊、奶樽清潔機、乾衣機、空氣清新機。另外，作為新手媽咪，對於照顧寶寶可能一竅不通。有見及此，他們特別於睡房內安裝了 24 小時召喚陪月員的呼喚器，當產婦有需要時，便可以立即得到協助。

房間窗外景色宜人，特別是行政套房，不只環境寬敞，設客廳、飯廳、套房及洗手間，更可以遠眺城門河優美景致，加上周圍樹木茂密，讓人心曠神怡，相信能夠幫助產婦鬆弛身心，減輕照顧寶寶的壓力。

度身訂造月子餐

坐月子期間產婦需要吸收足夠營養，為寶寶供應母乳外，亦為自己補充之前懷孕所流失的營養。因此，酒店會由酒店總廚及註冊營養師合力為產婦設計既含豐富營養，也美味可口，而且款式多元化的「月子餐」。「月子餐」非常豐富，每天會為產婦提供 6 餐，由早餐至消夜小食，讓產婦能夠在坐月子期間，也能享受美食。另外，如果產婦有需要進食薑醋、雞酒等，可以與酒店職員聯絡，他們會為產婦安排。

由酒店總廚及註冊營養師為產婦精心設計的月子餐，份量十足。

照顧周全

酒店考慮非常周全，他們除了為產婦提供優質的住宿及膳食外，更為她們提供其他貼心服務。產婦可以與丈夫一起參加酒店細心安排的育兒工作坊或活動，在照顧寶寶時更能得心應手。產婦亦可以於酒店3樓的「共享空間」舒展身心，又或者可以於OM Spa 水療中心享受產後按摩，特備療程或美容服務，讓自己容光煥發。

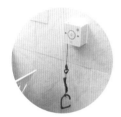

飯廳環境舒適，設有乾衣機，方便弄乾寶寶衣物。

4 款計劃

「月子住宿計劃」共設4種，產婦可以因應個人需要而定。當中包括30晚舒適住宿、全天候月子餐、嬰兒禮包及母嬰調理服務等。費用方面，由每月(30晚)港幣$60,800起，另備多項自選收費服務，讓產婦可以按個人需要及喜好來選擇合適的服務。

洗手間內安裝了24小時呼喚器，可以隨時得到陪月員的協助。

設備齊全

行政套房兩面窗戶可遠眺城門河景，令產婦身心舒暢。

客廳、睡房面積寬敞。

每位產婦都可以獲贈精美而實用的禮品包。

設有奶瓶清潔消毒機，對媽咪來說十分方便。

貼心服務

育兒工作坊由專業陪月員教授育兒技巧，讓產婦照顧寶寶更得心應手。

產婦可以在環境舒適的專屬會客室與家人見面。

閒時產婦可以帶寶寶到育嬰室休息。

寫意悠閒空間

共享空間環境優美，給人度假的感覺。

產婦不用整天留在房間，可以到共享空間舒展身心。

「悅子・悅美」囍月計劃

地址：沙田大涌橋路34-36號麗豪酒店
熱線：(852)2132 1321
網址：www.regalhotel.com

5 個伸展練習

紓緩產後不適

專家顧問：麥文科 / 中國香港健美總會教育發展委員會主席

　　從懷胎十月，生產到照顧寶寶，各位媽媽都感受到身體肌肉和關節均承受了不同程度的壓力。有見及此，本文為各位媽媽介紹 5 個伸展練習，能有助加速復原，放鬆虛弱的肌肉，強化核心肌群和手肌力，預防各種痛症。

核心肌群 伸展3式練習

以下是3組不同的核心肌群伸展練習，只要依據示範作伸展，便能有效放鬆肌肉和預防背痛。

動作1 雞蛋伸展

1 先仰臥於瑜伽墊上，雙手放在身體兩旁。

2 雙膝彎曲，雙手環抱緊大腿，將雙膝往胸部靠近，直至下背部及臀部有拉伸感覺，動作維持20秒。

功效：讓下背部及臀部肌肉伸展。
時間及次數：20秒為一組，每次進行3組。

動作2 嬰兒式伸展

1 先把雙手及膝部放於地面上。

2 臀部下沉至後腳跟，保持緊貼，頭部朝下，面向地板，胸部盡量緊靠大腿，同時手心向下，雙臂向前伸出，直至額頭貼地，伸展過程保持正常呼吸。

> 功效：加強腰部、臀部、臀大肌和　繩肌伸展。
> 時間及次數：每組30秒，每次進行3組。

動作3 背部伸展

1 跪在地上，以跪姿開始。

2 一隻手向前伸出，另一隻手則橫向伸出體外，與胸部平衡。

3 上半身轉向內側，使手臂盡可能伸到最遠，保持正常呼吸，動作維持 20 秒。

> 功效：幫助背部伸展。
> 時間及次數：左右手每邊進行20秒，每次進行3組。

手肌 2 式練習

以下是 2 組不同的手肌放鬆及訓練肌力的練習，並不難做，只要持之以恆地練習，便能有效放鬆和加強肌力，預防媽媽手的問題。

動作 1　拇指肌腱伸展

1 手指向前伸直，拇指則向內彎曲。

2 其他四隻手指抱緊拇指並握拳。

3 拳頭慢慢地朝向地板方向往下壓作伸展。

功效：幫助拇指肌腱伸展。
時間及次數：每組做10下，每下維持10秒，每次進行3組。

動作 2　拇指橡皮筋練習

1 將橡皮筋繞到 5 隻手指外。

2 五隻手指同時慢慢盡量撐開，維持 10 秒，然後慢慢放鬆收回。

功效：訓練手指肌力，同時訓練前臂肌群。
時間及次數：每組進行5下，維持10秒，每次進行3組。

產後收腰腹
3式瑜伽

專家顧問：鹹蛋哥哥 / 運動教練

懷孕期間，為了能提供足夠營養予寶寶，準媽媽都不顧苗條身材，每日進食多餐，為的就是希望寶寶健康。產後媽媽體形改變了不少，在照顧寶寶的同時，都可以進行一些收腰腹運動，令身材回復苗條。

運動前詢問醫生

　　產後婦女當看到肥胖了許多的身材，都希望盡快回復惜日苗條的身材，但是由於每人復原的時間都不同，採用自然生產及剖腹生產的復原時間也不一樣，不管復原情況好壞與否，建議產婦宜先諮詢醫生意見，直至傷口癒合，自我身心感覺良好，並得到醫生同意，此時開始由低強度運動開始訓練，才是最安全的。

因應能力訓練

　　產婦在運動時，選擇適合的運動量十分重要，不可以讓自己感到過於疲勞或勉強。為了達到運動的效果，所有動作都需要確實及準確。另外，產婦進行運動時亦要注意呼吸，以配合動作。

腰腹運動 3 式

　　以下為各位產婦示範 3 式收腹腰的瑜伽式子，動作並不困難，只要持之以恆，便能達到理想的效果。

第1式

2　吸一口氣，呼氣時腹部收緊，將下背壓在地上。放鬆，回復初始動作。

步驟 1　仰臥在地上，屈膝，雙腳微微打開，與肩膀相同闊度。

次數	好處
• 以10次為一組，每日進行4組； • 當把腹部收緊，將背部壓在地上時，需要維持5秒。	• 這是屬於低強度的運動，但卻是非常有效的運動； • 這套運動能夠訓練核心肌肉； • 運動過程需要調節呼吸，可以幫助放鬆心情。

腰腹運動：第 2 式

步驟 1 仰臥在地上，屈膝並互相緊貼，將下背壓在地上。

2 吸一口氣，呼氣並轉腰，將膝部側向右邊，盡量貼近地面。

3 雙腳回到中間，並開始另一方向的動作。

注意
- 需要在用力時呼氣；
- 適宜在軟墊或床上進行；
- 當雙腳放回中間時，稍停片刻。

次數
- 以10次為一組，每日進行4組；
- 當把雙腳側向一邊時，需要維持5秒。

好處
- 這套運動能夠訓練核心肌肉；
- 能釋放背部壓力；
- 可以改善及減少下背疼痛的問題。

腰腹運動：第 3 式

步驟 1 *雙手及雙膝緊貼地面，支撐身體，腰部挺直。*

2
吸一口氣，呼氣時收緊腹部，將背部微微拱起，稍停，回復初始動作。

注意
- 當用力時呼氣；
- 宜在軟墊或床上進行；
- 運動時眼望前方。

次數
- 以10次為一組，每日進行4組；
- 動作維持5秒。

好處
- 能夠訓練核心肌肉；
- 可以改善及減少下背痛。

產後收臀
3 式瑜伽

專家顧問：鹹蛋哥哥 / 運動教練

　　由於在懷孕期間需要為胎兒提供養份，所以孕婦的食量會較一般婦女為多，令孕婦體重增加，身材亦豐滿不少，其中臀部可説是重災區。有見及此，本文介紹 3 套收臀的 yoga 式子，簡單易做，持之以恆定能見效。

先詢問醫生意見

　　自然分娩及剖腹生產身體復原所需要的時間有所不同，而且復原時間亦因人而異。不管復原情況好與壞，產婦於進行運動前，宜先詢問醫生意見，避免影響傷口。產婦應直至傷口癒合，自我身心感覺良好，並且得到醫生許可，此時才適合進行運動，並且應由低強度運動開始訓練，這樣才最安全。

合適場地

　　除了詢問醫生意見外，產婦亦應在合適的場地及選擇適當的器材來做運動。產婦於運動前、中、後都需要補充水份。於運動前，產婦應先排清膀胱內的尿液，以減少膀胱及其他泌尿系統的壓力；運動後，產婦需要清潔身體，將私密處清潔乾淨，減少受感染的機會。最後，產婦在飯後的一小時內並不宜進行運動。

收臀 yoga 3 式

　　以下是 3 組不同的收臀 yoga，並不困難，只要依據示範，勤加練習，定能修出完美曲線。

步驟 1 仰臥在地上，屈膝，雙腿微微打開，與肩膀同寬。

2 吸一口氣，呼氣時收緊臀部，提升臀部離地。膝蓋、腰部及肩膀成一直線。稍停後慢慢放鬆，將臀部慢慢放回地面。

次數	好處	注意
• 10次為一組，每日進行4組。提升臀部時維持5秒，才慢慢放鬆，臀部放回地面。	• 能夠訓練核心肌肉； • 幫助產婦回復曲線體態； • 減少及改善臀部下垂的問題。	• 當提升臀部時呼氣； • 不可以頸為支撐點，應以上背為支撐點。

第 2 式：側臥蚌式開合

步驟 1　側臥在地面，以其中一隻手支撐頭部，屈膝呈90度，雙膝合攏。

2　吸一口氣，呼氣時將一邊膝升起，腳跟維持貼緊。
稍停，緩慢地放鬆，回到初始的姿勢。

注意

- 當提起膝部時需要呼氣；
- 雙膝屈曲成90度，然後開合；
- 需以臀部發力；
- 當膝部提升時，雙腳不能分開。

次數

- 每邊做10次，每日進行4組，每當提膝
  時維持5秒。

好處

- 能夠幫助產婦回復曲線體態；
- 能夠改善及減少臀部下垂的問題。

第 **3** 式：收臀運動

步驟 1 雙手及膝部緊貼地面，支撐身體，眼望前方。

2

將其中一隻腳慢慢提升，直至與地面成水平線。稍停，回復初始動作。

注意

- 當提升腿部時呼氣；
- 雙手支撐身體，眼睛望前。

次數

- 每邊做10次，每日進行4組，每次提腿後停留5秒。

好處

- 能夠幫助產婦改善及減少臀部下垂的問題；
- 可以幫助產婦回復曲線體態。

三代陪月

對對碰

近年陪月行業也越來越吃香，市場上越來越多人加入陪月行業，連做陪月也爭崩頭，而應徵做陪月的更趨年輕化，更有 90 後加入陪月戰團，到底做陪月需要具備甚麼條件？她們又有甚麼耍家之處？就讓三位分別 90 後、60 後和 50 後的陪月現身説法。

90 後代表 年輕有氣有力

點解揀做陪月？

我是個三子之母，很喜歡湊BB，又鍾意煮餸，我學識淺薄，只想做一些自己有興趣的工作，有朋友叫我到培訓局讀陪月課程，這樣便加入做陪月行列。

覺得自己有甚麼優勝之處？

我喜歡在網上搜尋很多食譜，希望煮多些特別的餸菜，令產婦有新鮮感。而我懂得多種語言、上海話、普通話、閩南話，可以和不同籍貫的媽媽溝通。加上我覺得年輕有氣有力，除了照顧產婦和BB外，若產婦有大仔／女，我也可以和他們玩，體力上絕對無問題。

後生加入陪月戰團有否遇到困難？

坦白説，當面試時產婦也被我的年輕外貌嚇倒，她們會很直接問我是否能勝任，我都會報以微笑，叫她們試用後才下判斷，通常試工完畢後，她們也很滿意我的表現，我覺得要對自己有信心。

會否很大競爭？

這個行業越來越多競爭，但我對自己有信心，用心做好這份工。另外，我會考多些專業牌照，令僱主對我有信心。

入行最難忘的事情？

我試過湊孖B，當一個飲人奶，一個就喊，搞到手忙腳亂，後來我叫那位新手媽媽加少許奶粉給其中一個BB，這樣可以令BB飽肚些，果然這個方法十分有用呢！

60 後代表 凡事不計較

點解揀做陪月？

以前我做過區議員清潔助理，但該議員不能連任，工作當然也沒有了，經朋友介紹下學做陪月，我喜歡接觸不同的新事物，又喜愛湊 BB 和烹調餸菜，所以加入做陪月。

覺得自己有甚麼優勝之處？

我覺得自己口才了得，開朗的性格令人加深印象，當我首次見到對方時，會派卡片，然後介紹自己，再深入問她們的背景，例如是順產定開刀？有無工人等問題，同時我亦會 show 自己的證書、奪獎的報道等。還有，我是個不計較的人，不會任何事也計到足。

陪月員
Profile
姓名：娟姐

你覺得現今陪月與以前有何不同？

以前做陪月不用考很多專業牌照，今非昔比，現在做陪月要很多專業證書，所以我要充實自己，學多些手藝，令自己有一技之長。

會否很大競爭？

這行競爭很大，我早前在一個陪月的活動中得到冠軍，這也帶挈我很多工作。現在的孕媽媽用驗孕棒驗到有 BB，即致電留位，這情況真的很誇張。

入行最難忘的事情？

我試過幫一對聾啞夫婦，與他們溝通要用手語或寫字；另外做過患有產後抑鬱的婦人，她初時不准我碰她的嬰兒，我跟她細心解釋和勸她，經多次溝通後，她開始信任我，後來她也覺得自己情緒有點不妥，於是便看醫生，證實患有產後抑鬱。

50 後代表 視僱主一家人

點解揀做陪月？

在陪月還未曾盛行時，丈夫生意失敗後，我於超級市場內見到有招募聘請湊 BB，我見了第一份工，我發覺自己越做越有興趣，於 05 年到培訓局讀家務助理課程，繼而再讀陪月，一做就十多年了。

覺得自己有甚麼優勝之處？

我覺得自己不是個太計較的人，會當僱主是一家人，用心對待他們，這樣別人會感受得到的。當我湊到 BB 肥肥白白，而產婦也讚我時，我會有很大滿足感，試過有僱主帶我一起去旅行，令我擴闊視野。

你覺得現今陪月與以前有何不同？

比起以前，現在做陪月舒服很多，以前做陪月甚麼也一竅不通，靠自己去摸索，現在有培訓局，在那裏會教曉你很多做陪月的知識和秘訣。

Profile
姓名：Grace

會否很大競爭？

雖然多了人入行，但各有各做，始終每個人要求不同，都試過有僱主不喜歡自己，做了一日後便要我離開，我覺得人夾人緣，最緊要雙方相處舒服。

入行最難忘的事情？

曾經有一名太太，突然手持利刀衝入房間威脅丈夫，我當時臨危不亂，一邊抱住 BB，一邊勸太太要冷靜，經過我好言相勸後，太太終於把刀放下，令我鬆一口氣，後來兩夫婦還手拖手出街，這件事是令我最刻骨銘心。

三代陪月大鬥法

小靈幫 BB 換片

看了三位陪月後，發覺每個陪月也各有優點，現在是時候考一考她們的湊 B 絕招！

準備工夫：尿片、濕紙巾、乾紙巾、防尿疹膏

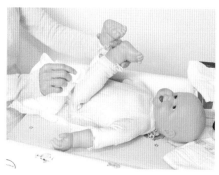

1 舉起雙腳，用濕紙巾由上至下抹，再用紙巾印乾。

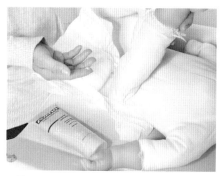

2 再塗尿疹膏。

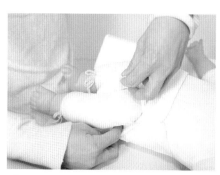

3 將骯髒的尿片掉入垃圾桶，幫 BB 換上新片，將尿片兩邊的魔術貼貼好。

4 將大髀位拉高，看看尿片是否換得妥當。

小貼士：
用手試試尿片會否
包得過緊。

娟姐幫 BB 餵奶掃風

準備工夫： 2-3 安士奶、紗巾、餵奶枕

小貼士：
奶嘴由嘴角移入嘴內面，因為放在脷底BB有機會吸吮不到。

1 將奶嘴放入 BB 口中。

2 奶嘴內要有奶，否則 BB 很易入風。

3 飲完一半便要掃風。掃風要將 BB 挺直，一隻手托起 BB。

4 另一隻手由下向上掃，待 BB 落格再餵奶。

Grace 幫 BB 沖涼

準備工夫： 視察浴室會否太凍，BB 衫、毛巾、沐浴露、尿片

小貼士：
水溫要攝氏37至38度，另浴盆只需要有1/3的水量。

1 先用手肘測試水溫。

2 先幫 BB 洗頭，用濕布弄濕頭髮，再落沐浴露，洗完抹乾頭髮。

3 放 BB 落水時一隻手要托住其頭部和腋窩，另一隻手夾着雙腳，可一面沖涼一面與他傾偈。

4 一隻手托着 BB 胸前洗背脊和臀部。

三年抱兩

媽咪、專家對談

專家顧問：林小慧 / 資深育兒專家

　　三年抱兩，不再是友儕間說笑而已，確實，不少媽媽願意多添一個小寶寶。然而，當你要一手包辦兩個小孩的起居飲食時，如何可以湊得更輕鬆？

湊一個或兩個 BB，有幾大分別？

新手媽媽 H： 只是湊大女時，送她上學後，自己便可以小睡片刻，自由度較大。縱使她放學回來，也有多些時間專注在她身上，與她一起閱讀、談天。但當細仔出世後，便完全沒有私人空間，本來大女上學時，我可以休息，現在卻要照顧細仔的起居飲食。

林： 三年抱兩，只能密密手，不停做。雖然大 BB 已能做基本事件，如穿鞋子、取外套等，但仍要在大人帶領下，才可完成其他事情。而初生 BB 的生活較為規律，離不開吃與睡，只是日復日的循環，但大 BB 過了嬰孩期，睡眠時間較少，進入高速成長階段，需要更多刺激訓練，包括大小肌肉、聽覺、視覺等，可能需要出外走走到公園，讓他多點體能活動。

如何爭取休息時間？

H： 休息時間買少見少，當聽到細仔哭鬧，便要立即起來，所以自己很難有足夠的休息。而且，以往大女可以自己入睡，但有了細仔後，便硬要我陪她進睡，確實浪費了不少時間。

林： 最好把兩個小朋友的作息時間調校至相近，大家一同起床、吃早餐，因細 B 經常要睡覺，可趁這段時間與大 BB 在家進行一些靜態活動，如閱讀、傾談等，既可有兩人獨處時間，又可照顧細 BB。要是大 BB 也要睡覺時，便三個人一起休息，小睡片刻，讓自己的身體也可休息下來。

媽媽能夠與丈夫在照顧兒女上分工合作，可減輕自己的壓力。

怎樣分配一天時間？

H：早上大女約 9 時起床，我也要跟着起來，但有時細仔早在 6-7 時已醒來，便要把起床時間推前。其後，要餵奶給細仔，又要煮飯予大女，讓她吃飽後上校車。大女上學後，約下午 1 時，可以有一段時間做家務，但之後又要忙着為細仔沖涼；同時，也要預備晚餐材料。下午 4 時，又是時候接大女放學，陪她做功課，之後再煮飯。直至晚上 9 時，大女上床休息，我又要洗衫、湊仔，每天如是。

盡量即時給予大孩子回應，減少他們
感到自己被忽略。

林：假如要獨自湊兩個小朋友，可在老公上班前及小朋友未起床前，進行基本的家居清潔，如抹玩具、抹地、抹梳化等，同時，也可以用 BB 電飯煲煲粥，再洗衫。跟着，兩個小朋友起來，預備早餐，盡量在照顧他們時，減少自己進出廚房的機會，因始終小朋友較好動，眼睛不能離開他們半步，而且，晨早做家務，就算他們醒來，老公仍可幫忙看管。到了下午時候，總少不免要買餸，惟有把大 BB 放在手推車上，因可固定他不會隨處走動，而自己可以用揹帶照顧細仔，再將買了的餸菜放在手推車上，一併推回家，預備晚餐。

如何減少大 B 呷醋？

H：細仔出世後，大女明顯有醋意，平日要抱着細仔飲奶，她會走過來鬧彆扭，行為上也有倒退回到 BB 的階段，當看到弟弟哭，她又跟着哭。其實，在大肚時已經買了一些圖書，讓她知道如何做一個大姐姐，她宛如十分明白，但實際情況卻很難控制，可能每個小朋友也想引人注意。

林：媽媽在懷孕時，可以叫大 BB 一起摸着肚皮，感受肚內 BB 的郁動，並叫他與 BB say hello。出院時，也可以叫老公帶同大 BB 一起接自己及 BB 回家，讓大 BB 經歷這一個過程。其實，他們呷醋與否，也視乎父母如何繼續與他們相處。謹記當大 BB 需要回應時，要立即給予回應，不要讓他們感到被忽略；假如他們認為因弟妹出生而忽略了自己，情況只會變本加厲。最好是讓他們參與照顧弟妹的過程中，感到自己被重視，如取尿片等，並加上讚賞的説話，讓他們知道父母是愛自己的。

照顧弟妹上，不妨讓大孩子參與其中，令他們感到被重視。